面塑制作教程

（第二版）

新东方烹饪教育　组编

中国人民大学出版社
·北京·

本书编委会名单

编委会主任

金晓峰

编委会副主任

汪 俊

编委会成员

孟军中　白冶宇　刘石磊

高　生　胡应东　刚永超

第二版前言

中国是一个地大物博，有着悠久历史的国家，在这片古老的大地上流传着很多的民间工艺。

面塑起源于汉代，流传于民间。到了近代，受人文艺术的影响，面塑的内容和形式不断出新，面塑由街头登堂入室，身价倍增，整体水平产生质的飞跃，表现手段和表现技巧日臻完善。现代面塑艺术以它绝美的身姿受世人青睐。正因为所注入的时代文化的积淀和创作者不断进取的热情和才思，使得面塑成为一种出于俗而脱于俗的朴素文化。

面塑是艺术，面塑是技术，面塑是文化。正是有了不断进取的匠心精神，才使面塑文化在今天的雅俗文化对流中以其独特、完整的形象俏立于民间艺术之林。

党的二十大报告指出：中华优秀传统文化源远流长、博大精深，是中华文明的智慧结晶。中华优秀传统文化所蕴含的天下为公、民为邦本、为政以德、革故鼎新、任人唯贤、天人合一、自强不息、厚德载物、讲信修睦、亲仁善邻等，是中国人民在长期生产生活中积累的宇宙观、天下观、社会观、道德观的重要体现，同社会主义核心价值观有着高度契合性。

新东方烹饪教育为了传承优秀的面塑文化，传播它深远的教育意义，特编纂了本教材。本书共分三大章节，所有作品由面塑大师亲自制作、摄影，详细介绍了面塑的基础知识、面塑所用工具、面塑的配方及调制、面塑制作的图解与赏析几个部分，涵盖了很多中华优秀传统文化的历史人物和故事，并设置了德技并修等栏目，介绍面塑传承人物的生平和作品，润物无声地传承中华优秀传统文化，弘扬工匠精神，为面塑学习者提供了一本很好的、很有价值的、很实用的参考书籍。

目　录

第三章

民间艺术面塑制作

第一章

面塑基础知识

知识目标：了解面塑色彩基本理论及人体构造知识，掌握面塑工具及其功能使用。

技能目标：能够熟练掌握面团配方及配制流程。

素养目标：通过学习面塑的相关基础知识，丰富学生的知识结构，激发学生对面塑学习的兴趣和积极性，培养学生的人文素养，以便更好地服务企业和社会。

面塑，俗称面花、花糕、捏面人，是中国民间传统艺术之一。广泛流传于民间，它以面粉为主要原料，通过将面粉调成不同的颜色，用手和简单的工具，塑造出各种栩栩如生的形象。面塑技艺是中华民族的艺术瑰宝。旧时的面塑艺人常常挑担提盒，走乡串镇，被人们视为一种小手艺，难登大雅之堂。经过面塑艺人们的不断传承和创新，如今的面塑题材多样，造型逼真，应用广泛，保存长久，许多地方将其作为一项民俗特色，成为逢年过节必不可少的活动项目。同时，一些优秀的面塑作品被视为艺术品，甚至成为收藏品，被艺术家们带出国门，传播中华文化艺术。

面塑艺术于 2008 年入选第二批国家非物质文化遗产名录。作为珍贵的非物质文化遗产受到重视，小玩意儿也走入艺术殿堂。捏面艺人根据所需随手取材，在手中几经捏、搓、揉、掀，用小竹刀灵巧地点、切、刻、划，塑成身、手、头面，披上发饰和衣裳，顷刻之间，栩栩如生的艺术形象便脱手而成。

（一）起源

据史料记载，中国的面塑艺术早在汉代就已有文字记载，经过几千年的传承和经营，可谓是历史源远流长，是中国传统文化和民间艺术的一部分，也是研究历史、考古、民俗、雕塑、美学不可忽视的实物资料。就捏制风格来说，黄河流域古朴、粗犷、豪放、深厚；长江流域细致、优美、精巧。

从新疆吐鲁蕃阿斯塔那唐墓出土的面制人俑和小猪来推断，距今至少已有 1300 多年了。南宋《东京梦华录》中对捏面人也有记载："以油面糖蜜造如笑靥儿。"那时的面人都是能吃的，谓之为"果食"。而民间对捏面人还有一个传说，相传三国孔明征伐南蛮，在渡芦江时忽遇狂风，机智的孔明随即以面料制成人头与牲礼模样来祭拜江神，说也奇怪，部队安然渡江并顺利平定南蛮，因而从此凡执此业者均供奉孔明为祖师爷。

简单地说，面塑就是用面粉加彩后，捏成的各种小型人物与物件。面塑上手快，只需掌握"一印、二捏、三镶、四滚"等技法即可，但要做到形神兼备却并非易事。

（二）面塑艺术的特点

1. 颜色丰富、造型优美。

2. 体积可大可小、材质不易破碎，便于携带。

3. 材料便宜，制作成本比较低廉。

经过面塑艺人长期摸索，现代面塑作品不霉、不裂、不变形、不褪色，因此被旅游者喜爱，是馈赠亲友的纪念佳品。外国旅游者在参观面人制作时，都为艺人娴熟的技艺、千姿百态栩栩如生的人物形象所倾倒，交口赞誉，称面塑为"中国的雕塑"。

面塑作品精巧别致，方不盈寸。所塑动物如虎、狮、马、牛、猫、龙、猴、羊等，着重夸大头部比例，增强尾部动感，刻画四肢的灵活，使人感到神似且形美。飞禽类如鸡、鸭、孔雀、凤凰、喜鹊及各种小鸟，则夸张表现其尾羽的动感，夸大其嘴部、眼部，使其具有拟人的效果，与观者在感情上产生共鸣。所塑人物造型有各种戏剧人物、爬娃、抱鸡娃、莲花娃娃等，造型独雅而生动有神。植物类有各种瓜果、蔬菜、花卉以及吉祥图案纹样。蒸出后用品色点染开脸，设色浓艳、对比鲜明，产生强烈的艺术效果。

（三）面塑分类

在我国，面塑涉及的领域非常广泛，采用的形式各不相同，品种也是多种多样，根据功能的不同，大致可以分为以下几类：

1. 盘饰面塑

盘饰面塑主要用于菜肴点缀，功能类似于食品雕刻。这类面塑要求成品较小、成型速度快、可食用，一般以简单的人物、动物、果蔬、花卉、卡通等为主。

2. 船点

船点起源于江浙一代，其制作精细、讲究，色彩丰富，面团大多使用澄面烫制，然后上色包馅成型。成品可以假乱真，能增强食客食欲，烘托宴会气氛，提高宴会档次，展现厨师水平。

3. 面花

面花又称花馍、礼馍，源于西北农村，它以面粉为主要原料，制作成各种吉祥动物或描绘出各种吉祥图案，多用于寿宴、祭祀等活动上，是逢年过节必不可少的一项传统习俗。

4. 街头面塑

街头面塑又称捏面人，其历史悠久，大多是民间艺人街头摆摊，现做现卖，以儿童喜爱的一些卡通人物、动物为主，作品造型夸张、形态逼真，成品大多制作在竹签上，以供小孩把玩。

5. 工艺面塑

工艺面塑接近于工艺品，成品可以达到以假乱真的程度，可与泥塑、木雕等相媲美，具有可长久保存的特点，有一定的观赏价值和经济价值。作品题材一般以人物或花鸟动物为主。可以是单个人物、动物或花鸟，也可以是几个人物等组成的题材作品。

6. 肖像面塑

肖像面塑是近几年发展起来的新的面塑形式，形式类似于现场塑像的泥塑，但肖像面塑更形象逼真，色彩更丰富且可永久保存、不开裂，因而受到许多年轻朋友的喜爱，具有一定的市场潜力。

（五）面塑文化传承

面塑实际上是用糯米粉和面加彩后，捏成的各种小型人物。主要出现在嫁娶礼品、殡葬供品中，也用于寿辰生日、馈赠亲友、祈祷祭奠等方面。我国传统的饮食文化源远流长，据文献资料，汉代早已有面塑的记载，宋代《梦粱录》中记载着把面塑用在春节、中秋、端午以及结婚祝寿的喜庆日子。在陕西、河北也有把面塑称作"面花"和"年模"的，并将这古老习俗一直贯穿于节庆日子的始终。从年三十到正月十五，乡村中到处可见互送礼馍的欢快场面。在陕西关中东部妇女几乎人人都是制作礼模的高手，其尤以年长的妇女技艺更是高超。

（六）地区面塑特点

1. 菏泽面塑

菏泽面塑相传发于尧舜时代，带有浓厚的民间风味，逢年过节在公园、市场仍能看到艺人的身影，师傅们短短几分钟就能为你捏出逼真的花朵、活泼的娃娃、可爱的动物等让你喜欢的面人。距菏泽城西南十多公里的解元集乡穆李村是"面塑之乡"，是菏泽面塑的发源地。菏泽面塑大师曾到东南亚多国献艺，并应邀访问欧美国家。菏泽面塑与时俱进，不断发展与创新，面塑作品现已成为人们的艺术欣赏品和菏泽的旅游纪念品。

2. 霍州面塑

当地人称之为"羊羔儿馍"，古时的"羊"即是"祥"，有着"吉祥"的寓意。霍州面塑造型朴实，不多修饰着色，往往仅用品红点彩。

3. 忻州面塑

忻州面塑，是流传于这个地域内的民间传统艺术形式，它深藏于民间、扎根于民间，成为当地的工艺品之一。春节前，把发好的面团，捏制成佛手、石榴、莲花、桃子、菊花、马蹄等各种形状的供物。通称之为"花馍"。忻州花馍，中间往往插以红枣，既有装饰性，又是营养品、调味品，很受欢迎。当地还有一种大型供品名为"枣山"。这种枣山以面卷红枣，拼成等腰三角形，角顶往往塑一层如意形图案，在上面再加上面塑的"小元宝"三至五个，同时，还塑上一个供咬铜钱的"钱龙"。"枣山"蒸出后，可以颜色点染，成为一种鲜艳的民间艺术品。

4.绛州面塑

绛州，即今日新绛县，是晋南平原上的一个县。这一带历史上盛产小麦，一直是山西省小麦、棉花产地。所以，逢年过节，这里的家家户户都要用上等的小麦磨成面粉，捏制出千姿百态的面塑欢度节日。由于这里的面塑注重彩色点染，花色绚丽，所以当地人称之为"花馍"。绛州花馍，造型比较夸张，造型别致，尤其以"走兽花馍"最为出色。

5.山西面塑

就全省而言，山西面塑造型夸张、生动，用色明快、大方，风格粗犷、朴实、简练，并富有雅拙的美感，而且有着鲜明的民间和地方特色。一团面在手随意搓揉，用小竹签灵巧地刻画，短短几分钟，动物、花草、人物、吉祥物等各式面塑作品就跃然指尖，它们有的龙腾虎跃，有的亭亭玉立、栩栩如生，见者无不为之叫绝，具有很强的艺术魅力，其中不少作品在省、市乃至全国的工艺美术展览中获奖，有的作品还参加了国际展览。

山西世代文化积淀和创作者绝无功利的思想以及他们的热情和才思，使它出于俗而脱于俗，形成一种朴素的民间市井文化，不但为节日增添喜庆气氛，如今已成为一种独有的地方民俗。

6.上海面塑

上海面塑已有百余年历史，最富盛名的当推被人称为"面人赵"的上海著名面塑艺术家赵阔明。赵阔明（1901-1980），生于北京。他出身贫苦，从小卖苦力，做过堂馆、小贩、轿夫、车夫等。平时爱好打拳、唱戏。19岁起捏面人，25岁就与北京东城"面人汤"（汤子博）齐名，32岁在天津被人誉为"面人大王"。20世纪30年代，他到上海，结识上海民间面塑艺人潘树华，并吸收潘的艺术之长，使技艺进一步提高，终成为全国著名的面塑艺术家。

（七）现代面塑

现代面塑艺术家们对这门中国独有的古老的传统民间艺术注入了极大的热情和心血，使它成为一门全新的艺术。我国现代有名的面塑艺术大师主要集中在京、津等北方地区，如北京汤氏面塑、天津赵氏面塑、山东何氏面塑等。值得一提的是，以陈莫工作室为代表的新派面塑艺术风格的创新，把面塑艺术推向了更高层次的发展阶段，使面塑作品更具实用，应用范围更广。

二 面塑工具及其功能

（一）面塑工具

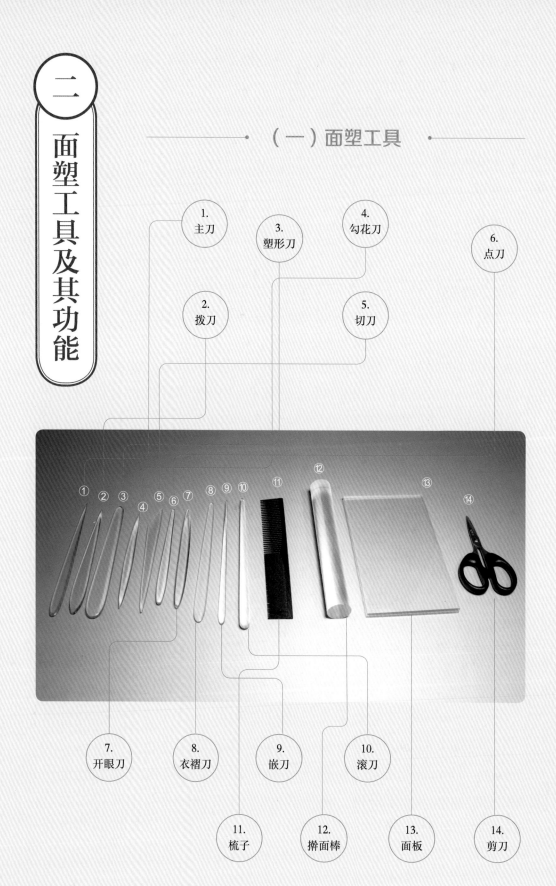

1. 主刀
2. 拨刀
3. 塑形刀
4. 勾花刀
5. 切刀
6. 点刀
7. 开眼刀
8. 衣褶刀
9. 嵌刀
10. 滚刀
11. 梳子
12. 擀面棒
13. 面板
14. 剪刀

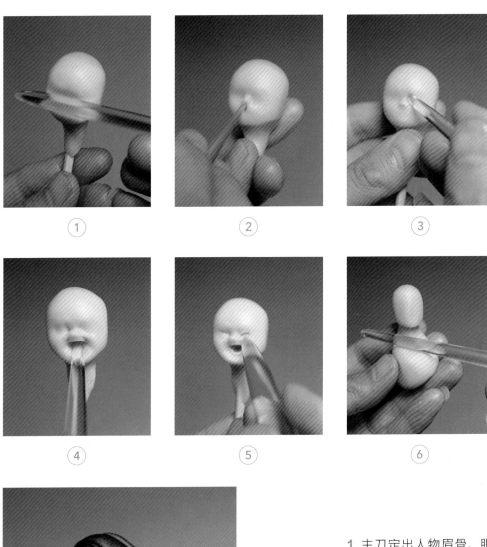

1. 主刀定出人物眉骨、眼睛。

2. 主刀挑出人物的鼻子。

3. 点刀压出人物眼睛结构、位置。

4. 点刀压出嘴部结构。

5. 开眼刀开出眼睛结构。

6. 滚刀滚出人物脖子结构。

7. 切刀划出人物的头发。

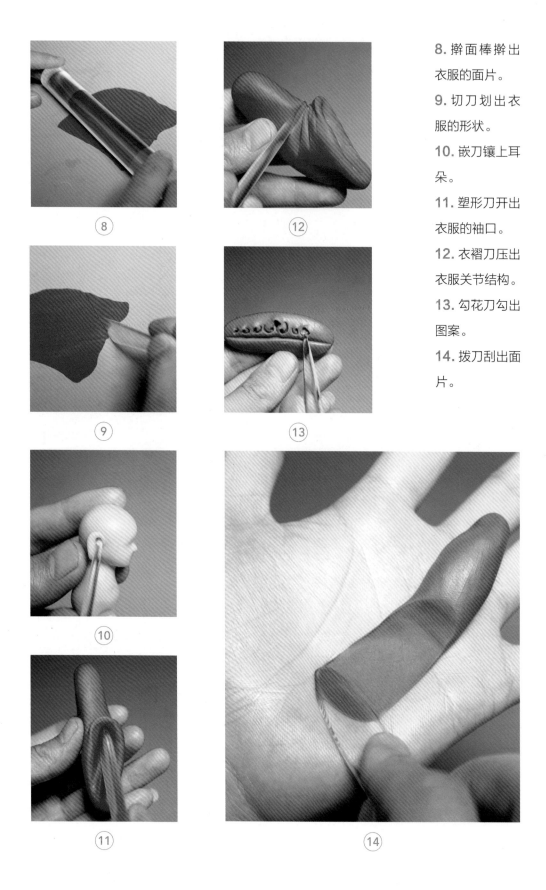

⑧

⑨

⑩

⑪

⑫

⑬

⑭

8. 擀面棒擀出衣服的面片。

9. 切刀划出衣服的形状。

10. 嵌刀镶上耳朵。

11. 塑形刀开出衣服的袖口。

12. 衣褶刀压出衣服关节结构。

13. 勾花刀勾出图案。

14. 拨刀刮出面片。

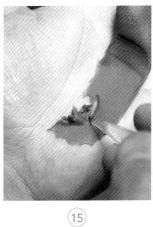
⑮

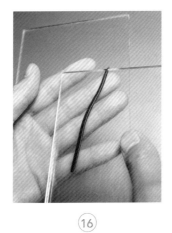
⑯

15. 拨刀的刀尖拉出碎花。

16. 面板可以搓出长条。

17. 用梳子滚压出佛珠。

18. 梳子压出草帽。

19. 面板压出面片。

20. 剪刀剪出手指。

⑰

⑱

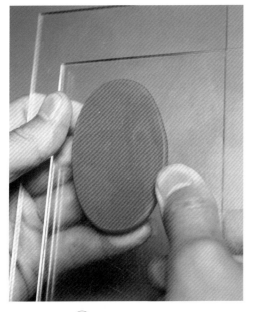
⑲

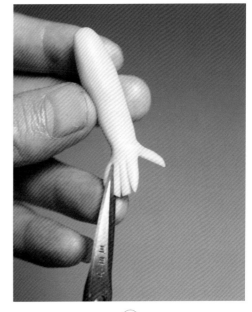
⑳

三 面团配方与配制流程

（一）面团配方

配方

高筋面粉 300g	低筋面粉 200g	糯米粉 300g	蜂蜜 30g
水 560~600g	防腐剂 60g	盐 10g	甘油 60g

（二）面团配制流程

①

②

③

④

1. 将高筋面粉、低筋面粉倒入盆中。

2. 将糯米粉、盐倒入盆中。

3. 将倒入盆中的所有原料搅拌均匀。

4. 将防腐剂倒入水中搅拌均匀。

5. 将蜂蜜倒入水中搅拌均匀。

6. 将甘油倒入水中搅拌均匀。

⑤

⑥

(7)

(8)

(9)

(10)

7. 将搅拌均匀的水倒入面粉中。

8. 将面粉搅拌成疙瘩状。

9. 将面粉揉成团状。

10. 将面团继续揉至蜂窝状。

11. 将揉成蜂窝状的面团取出。

12. 将面团装入塑料袋中封口，醒两个小时，然后上锅蒸制半个小时。

(11)

(12)

四 色彩基本理论

没有一定的色彩知识，一切色彩活动就无从下手。在千变万化的色彩世界中，人们视觉感受到的色彩非常丰富，按种类分为原色、间色和复色。就色彩的系别而言，可分为无彩色系和有彩色系两大类。

原色：也叫"三原色"，即红、黄、蓝三种基本颜色。自然界中的色彩种类繁多，变化丰富，其中红、黄、蓝是最基本的颜色，是其他任何颜色调配不出来的。但原色相互混合，可以调和出其他各种颜色。

间色：也叫"二次色"，是由三原色调配出来的颜色。红与黄调配出橙色，黄与蓝调配出绿色，红与蓝调配出紫色，因此橙、绿、紫三种颜色被称为"三间色"。在调配时，各种原色的分量有所不同，就能产生丰富的间色变化。

复色：也叫"三次色"，是用原色与间色相调或用间色与间色相调而成的复合色。复色是最丰富的色彩家族，千变万化，丰富异常。复色包括原色和间色以外的所有颜色。

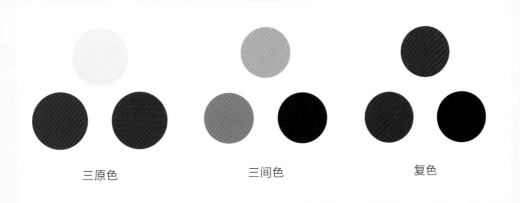

三原色　　　　　三间色　　　　　复色

色相：即每种色彩的相貌、名称，如朱红、橘红、翠绿、湖蓝、群青等。色相是区分色彩的主要依据，是色彩的最大特征。色彩的称谓，即色彩与颜料的命名有多种类型与方法。

色相

纯度：又称饱和度、鲜艳度、彩度、含灰度等，指色彩的纯净程度。色相中无其他色素的色彩纯度，就是该色相的饱和度。光谱反映出的极其艳丽的色相，称为强纯度色相。如红、橙、黄、绿、青、蓝、紫均接近于光谱色相。红色相中，朱红、正红接近于光谱色相，为强纯度色相；而淡红、洋红、大红均为减弱了的色相，则称为弱纯度色相。

纯度

明度：表示色彩的明暗深浅程度。明度接近于白为明色，明度接近于黑为暗色。

在光谱的色带中，红、橙、黄、黄绿比较明亮；深绿、青、蓝、紫、紫红比较深暗。在有彩色系统中，黄最明，紫最暗；在无彩色系统中，白最明，黑最暗。同一类色相，越浅则越明，越深则越暗。

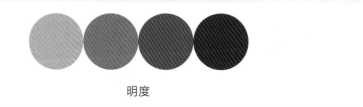

明度

冷暖：即色性。色彩的冷暖是心理因素对色彩产生的感觉。人们见到暖色（如红、橙、黄）类的色彩，会产生欢乐、温暖、开朗、活跃等情感反应；见到冷色（如蓝、青等）类的色彩，会联想到海洋、月亮、冰雪、青山、绿水、蓝天等，会产生宁静、清凉、深远、悲痛等情感反应。

饱和度：即色彩的纯度强弱，是指色相感觉明确或含糊、鲜艳或混浊的程度。

色彩对比：即两种纯色或未经混合的颜色对比。两种纯色等量并列，色彩相对显得更为强烈。

当两种不同的色相并列在一起时，给人的色彩感觉和两色分开放置时不一样。两色并列时，双方会增加对方色彩的补色成分。

色彩对比

明度对比：指的是黑、白、灰的层次，即素描关系上明暗度的对比。它包括同一种色彩不同明度的对比和各种不同色彩的不同明度对比。如亮色与暗色、深色与浅色并置，亮的更亮，暗的更暗，深的更深，浅的更浅，这就是明度对比的作用（柠檬黄明度高，蓝紫色明度低，橙色和绿色属中明度，红色和蓝色属中低明度）。

明度对比

纯度对比：即灰与鲜艳的对比。将纯度较低的颜色与纯度较高的颜色配置在一起，则灰的更灰，鲜艳的更鲜艳。在以灰色调为主的画面中，局部运用鲜艳色，鲜艳色就会很醒目，灰色调更显得明确。在以鲜艳色为主的画面中，兼用少量的灰性色，鲜艳色会更鲜艳，效果更明亮。

纯度对比

冷暖对比：指对于色彩感觉的冷暖差别而形成的对比。通过对比，冷的更显冷，暖的更显暖（红、橙、黄使人感觉温暖，蓝、蓝绿、蓝紫使人感觉寒冷，绿与紫介于其间）。另外，色彩的冷暖还受明度与纯度的影响，白天反射率高而感觉偏冷，黑色吸收率高而感觉偏暖。

补色对比：是一种最强烈的冷暖对比，其色彩效果是非常鲜明的。补色并列时，就可使其相对色产生最强的效果。如红色与绿色相对，红的更红，绿的更绿；黄色与紫色相对，就会让紫色、黄色更显鲜明。

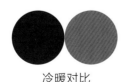

冷暖对比

补色对比

五

人体结构知识

人体比例是指人体或人体各部分之间度量的比较，它是人们认识人体在三度空间中存在形式的起点。

由于人的种族、民族、性别、年龄及个性的差异，在世界上没有两个完全一样比例的人。人们笼统称谓的"人体比例"的概念，通常是指生长发育匀称的男性中青年的人体平均数据的比例。

根据最近我国有关部门对男性中青年人体进行测量的数据，他们的平均身高为170.09厘米，头高为22.92厘米。若把头高作为一个度量单位来衡量全身的话，身高与头高的比例是7.42∶1，也就是说，人体是七个半头高。

不同种族和民族的人身高与头高的比例不一样，有8∶1的，也有7∶1的。女性和男性的身高与头高虽然量度不一样，但是女性的身高与头高比例也大致为7.5∶1。不同年龄的人体有不同的身高和头高的比例：通常一两岁时为4∶1，五六岁时为5∶1，十岁时为6∶1，十六岁时为7∶1。在二十五岁左右就基本定型了，为7.5∶1。到老年时，由于各关节软骨间的萎缩、躯干的伛曲，人会显得矮一些。

把人体各肢体理解成一段空间的线段，并以头高的长度为度量单位来度量各肢体，取其度量的约数，这样可以得出一个简单的人体比例：

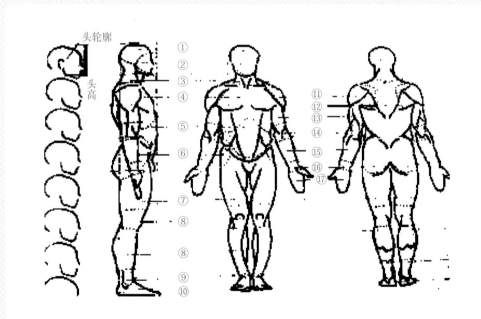

人体的外形以及以头高为度量单位的人体比例

头高 =1

肩宽 =2（两侧肩部肩胛骨上的肩峰之间的宽度）

躯干 =3（从脊椎的头部骶下点水平处到坐骨末端的水平面）

上臂 =1.5（从肩峰到肱骨内上髁和外上髁连线的中点）

前臂 =1（从尺骨鹰嘴突到尺骨小头和桡骨茎突的连线中点）

髋宽 =1.5（两侧股骨大转子之间的宽度）

手 =0.8（从腕骨的上缘到中指的末端）

大腿 =2（从股骨的大转子到股骨的最下端）

小腿 =1.5（从胫骨的最上端到胫骨内踝的水平面处）

脚 =1（从脚跟的最后端到第二脚趾的最前端）

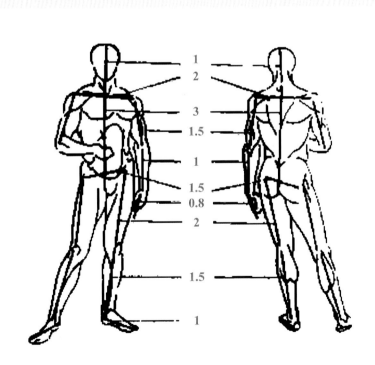

以头高为度量单位的简单的人体比例

面塑大师王玓

　　面塑大师王玓，1948 年生于天津，自幼酷爱绘画和雕塑，最终投身于面塑创作。虽然只接受过短时间的专业美术培训，但凭着自己的灵性、过人的毅力及对面塑艺术的执着，最终登上了她憧憬已久的象牙塔，并于 1996 年被联合国教科文组织授予"民间工艺美术大师"的称号。近年来，她多次随国家代表团出访欧美各国，展示其精彩的面塑艺术。

　　王玓女士二十余年的创作生涯用其自己的话说是艰苦而充满乐趣的。在投身面塑艺术的初期，为了积累和汲取传统民间面人的制作技巧，她四处寻找民间艺人的身影，无论是寒风凛冽还是烈日当空，但凡寻见，定是"尾随跟踪""穷追不舍"，而且一跟就是几个小时，最后还不忘捧着一大把小面人带回家研究。在熟练掌握了制作技巧以后，她又用心观察生活，游遍津京两地的大街小巷寻访文物古迹，更深入到川滇黔湘等少数民族聚集地体味民风，在此期间还大量参照借鉴年画、中国画的人物造型。

　　王玓创作的面塑人物造型准确，用色艳而不俗，繁简搭配巧妙。例如她的作品《秋高气爽》，以灿烂的暖色调营造出浓浓的深秋氛围。面塑中的女孩个个面目清秀、栩栩如生，衣衫有种透明的轻纱质感，面部表情塑造得娇好可人。古人说画人难画手，塑人尤其难塑手，面塑一不小心就会塑得"手软如泥"，但王玓女士捏出来的手娇柔却不失

骨力，好似活的一样。再如作品《八仙过海》，男女老少神态各异，无论是姿容华贵的荷仙姑还是顽皮可爱的兰采和，通过切、揉、捏、揪、挑、压、拨、按等技法，真正展现了"八仙过海，各显神通"。

　　王玓的面塑造型准确、新颖、细腻、优美，人物形象生动、传神，极富感染力和艺术个性。她先后前往德国、丹麦、瑞典、美国、新加坡、秘鲁、澳大利亚等国，用自己的一双巧手把中国的面塑艺术带到世界各地。

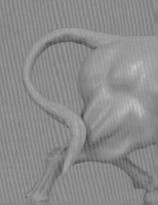

普通面塑制作

第二章

知识目标：了解动植物及人体的特征，掌握花卉、人偶及动物的制作手法。

技能目标：能够熟练地通过面塑手法制作花卉、动植物。

素养目标：使学生能够根据不同场景的需要制作出完善的面塑制品。

1 樱花

操作视频

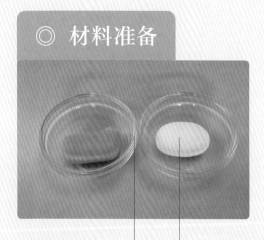

◎ 材料准备

绿色面 80 克 ●———— ●———— 白色面 80 克

温馨提示

1. 注意花瓣的形状。
2. 认识樱花的基本外形特征。
3. 掌握花瓣的制作。

★ 制作步骤

①

②

③

④

1. 将白线对折数次（用毛笔将白线刷上一层胶，使其定形），用绿色铁丝固定中间，用剪刀将白线剪断，做出花蕊的大体形状。

2. 将黄色干面搓成细粉状，将花蕊均匀粘上黄色细粉。

3. 用毛笔将花蕊根部涂少量红色。

4. 在花径板上将白色面擀成薄片，用塑刀塑出花瓣的形状。

5. 在花瓣的前端切出 V 形小口，用白铁丝做出花径。

6. 用塑刀压出纹路。

7. 用毛笔将花瓣涂上粉红色。

8. 用绿胶带将花瓣略高于花蕊绑 3 瓣即可。

⑤

⑥

⑦

⑧

⑨

⑩

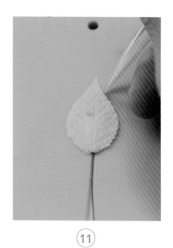
⑪

⑫

⑬

⑭

9. 用绿胶带将花瓣略高于花蕊依次绑 5 瓣即可。

10. 在花径板上将绿色面擀成薄片，用塑刀塑出叶子的形状。

11. 用绿铁丝插在叶子二分之一处做出叶脉，用塑刀切出纹路，压出锯齿状的边缘。

12. 用毛笔将花瓣涂上棕色。

13. 先将两片叶子用绿胶带固定，再加入两片叶子调整其形状。

14. 将花骨朵固定在中间，将三朵樱花呈三角形固定调整整体形状，使其美观。

15. 将做好的樱花插入花瓶中。

⑮

② 罂粟花

操作视频

◎ 材料准备

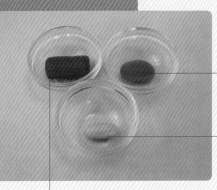

绿色面 50 克

浅绿色面 30 克

红色色面 80 克

温 馨 提 示

1. 认识罂粟花的基本外形特征。

2. 注意花瓣的形状。

3. 掌握花瓣的制作。

★ 制作步骤

①

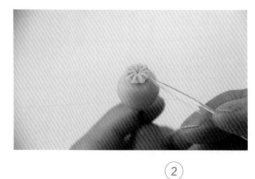

②

1. 用浅绿色面揉成圆球，插在铁丝上，用塑刀在正上方压出凹陷，切出纹路，做出柱头的大体形状。

2. 用塑刀切出柱头，将其立体化，做出雌蕊。

3. 用毛笔将雌蕊由重到轻涂上绿色，用黄色干面捻成细粉状，将柱头蘸取黄色细粉。

③

4. 用白线对折数次，中间用白线固定，用剪刀剪开、修平（将白线刷上一层乳胶，使其更容易定型），用毛笔从根部由重到轻刷上棕色，做出雄蕊的花丝和花药。

5. 在花径板上将红色面擀成薄片，用塑刀切出花瓣的大体形状。

6. 用绿铁丝插在花瓣的二分之一处，用塑刀滚压花瓣的边缘，调整其形状，使其自然。

7. 用塑刀切出花瓣的纹路。

④

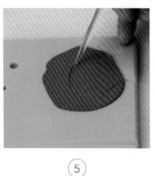

⑤

⑥

⑦

⑧

⑨

⑩

⑪

⑫

⑬

⑭

⑮

8. 用毛笔将花瓣根部由重到轻涂上棕色。

9. 将绿色面插在铁丝上，搓成一端尖的长条，压扁，用塑刀切出叶子的形状，用塑刀压出叶子的纹路。

10. 用毛笔将叶子的脉络刷上白色颜料，使其脉络突出。

11. 用绿胶带组装雌蕊和雄蕊。

12. 用绿胶带组装罂粟花第一层。

13. 用绿胶带组装罂粟花第二层。

14. 用绿胶带组装罂粟花和叶片。

15. 将做好的罂粟花插入花瓶中。

3 芙蓉花

操作视频

◎ **材料准备**

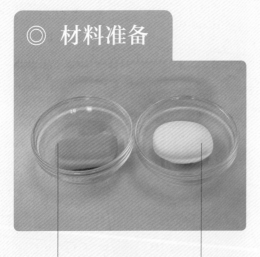

绿色面 80 克　　　　淡粉色面 80 克

 温 馨 提 示

1. 认识芙蓉花的基本外形特征。

2. 注意花瓣的形状。

3. 掌握花瓣的制作。

★ 制作步骤

①

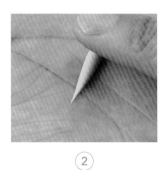

②

③

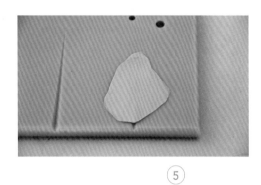

④

⑤

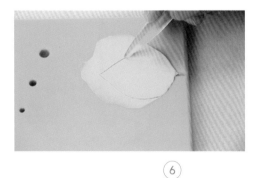

⑥

1. 用绿色面揉成圆球。

2. 搓成水滴状。

3. 在花径板上压扁（边缘要薄），
做出花萼的大体形状。

4. 用塑刀滚压花萼的边缘，调
整其形状，使其自然。

5. 在花径板上将绿色面压成薄片。

6. 用塑刀切出叶片的形状。

7. 用绿铁丝插在中间做叶脉。

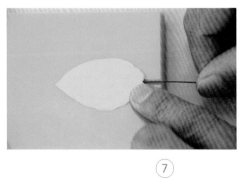

⑦

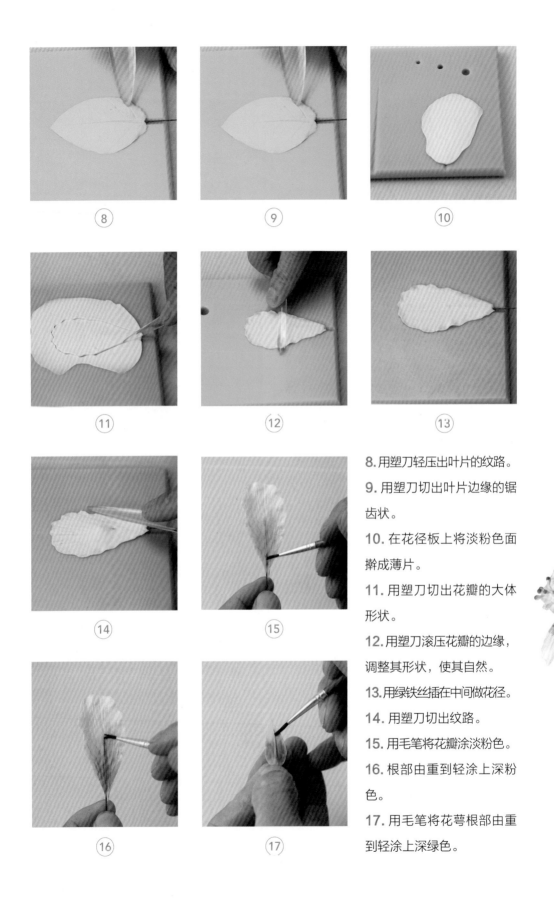

8. 用塑刀轻压出叶片的纹路。

9. 用塑刀切出叶片边缘的锯齿状。

10. 在花径板上将淡粉色面擀成薄片。

11. 用塑刀切出花瓣的大体形状。

12. 用塑刀滚压花瓣的边缘，调整其形状，使其自然。

13. 用绿铁丝插在中间做花径。

14. 用塑刀切出纹路。

15. 用毛笔将花瓣涂淡粉色。

16. 根部由重到轻涂上深粉色。

17. 用毛笔将花萼根部由重到轻涂上深绿色。

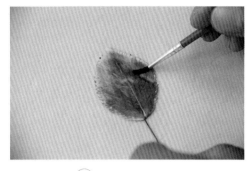
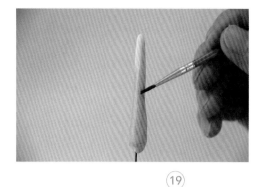

(18)　　　　　　　　　　　(19)

(20)　　　　　(21)　　　　　(22)

18. 用毛笔将叶片根部由重到轻涂上深绿色。

19. 用淡粉色面做出花蕊的大体形状，取毛笔将花蕊根部由重到轻涂上深粉色。

20. 用红色面做出雄花蕊，用黄色干面搓成碎末，粘在花蕊处，做成雌花蕊。

21. 用绿胶带将花瓣一片一片组装。

22. 用绿胶带组装花萼四片。

23. 在花径板上将淡粉色面擀成薄片，用塑刀切出小花瓣的大体形状。

24. 用塑刀切出纹路。

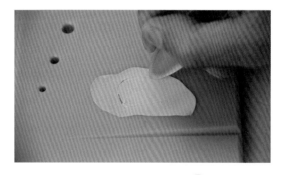

(23)

(24)

㉕

㉖

㉗

㉘

㉙

25. 用淡粉色面做出花芯。

26. 将花瓣粘在花芯外部。

27. 将花萼第一片粘在花瓣外侧。

28. 将花萼四片粘在花瓣外侧，做出花蕾。

29. 用绿胶带组装叶片。

30. 将做好的芙蓉花插入花瓶中。

㉚

4 向日葵

操作视频

◎ 材料准备

绿色面 50 克

浅绿色面 50 克

黄色面 100 克

棕色面 50 克

温馨提示

1. 认识向日葵的基本外形特征。
2. 注意花瓣的形状。
3. 掌握花瓣的制作。

★ 制作步骤

①

②

③

1. 取淡绿色面搓成香菇状插在铁丝上并固定。

2. 顶部用塑刀戳出错落的花蕊。

3. 用毛笔将花蕊由外到内刷上由深到浅的黄色渐变色。

4. 用黄色干面捻成细粉状，将花蕊顶部均匀蘸取黄色细粉。

5. 将棕色面搓成水滴状。

6. 蘸取黄色细粉粘在花蕊边缘。

④

⑤

⑥

⑦　⑧　⑨

⑩　⑪　⑫

⑬　⑭

⑮

7. 在花径板上将黄色面擀成薄片。

8. 用塑刀切出花瓣的大体形状。

9. 用塑刀滚压花瓣的边缘，调整其形状，使其自然。

10. 用塑刀压出花瓣的纹路。

11. 组装向日葵花第一层花瓣。

12. 组装向日葵花第二层花瓣。

13. 组装向日葵花第三层花瓣。

14. 在花径板上将绿色面压成薄片。

15. 用塑刀切出花萼的形状。

⑯   ⑰   ⑱

⑲   ⑳   ㉑

㉒

16. 用塑刀轻压出花萼的纹
路。

17. 将做好的花萼粘在向日
葵侧面。

18. 在花径板上将绿色面擀
成薄片。

19. 用塑刀切出叶片的大体
形状。

20. 将绿铁丝插在叶片的二
分之一处，做出叶径。

21. 用塑刀轻压出叶片的纹
路。

22. 先将两片叶子用绿胶带
固定，将做好的向日葵插
入花瓶中。

5 多肉

 操作视频

◎ 材料准备

绿色面 80 克

温馨提示

1. 认识多肉的基本外形特征。
2. 注意多肉叶片的形状。
3. 掌握叶片的制作。

★ 制作步骤

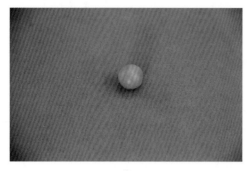

①

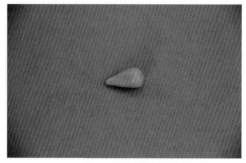

②

③

1. 先把淡绿色面揉成球。

2. 把球搓成水滴状。

3. 将水滴状的面团压扁。

4. 用手把宽的一端捏尖。

5. 把叶片的边缘稍微薄一点。

6. 用塑刀把叶片的中间压得稍
微凹一点，注意叶片形状。

④

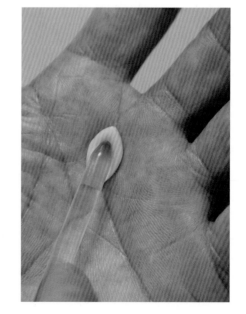

⑥

⑤

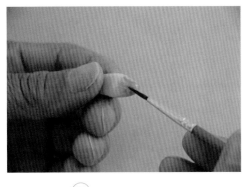

⑦

⑧

⑨

⑩

⑪

7. 用淡红色染料将叶片染色，顶端颜色稍微深一点。

8. 把淡绿色面捏成圆锥形状。

9. 把叶片一层一层组装在一起。

10. 将多肉放在花盆里装饰。

11. 将做好的多肉放好。

6 孔雀

操作视频

◎ 材料准备

青色面团 200g

蓝色面团 400g

绿色面团 1000g

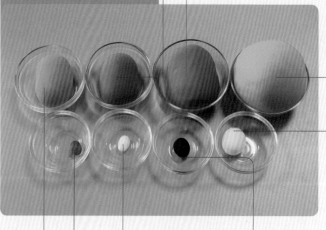

黄色面团 10g

白色面团 5g

红色面团 3g

黑色面团 10g

土黄色面团 200g

温 馨 提 示

1. 认识孔雀的基本外形特征。

2. 运用大小、聚散、色彩的强弱对比
等方法展现孔雀的羽毛之美。

3. 注意脖颈的自然弯曲、回旋和身体
的协调统一。

★ 制作步骤

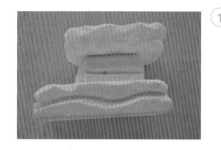

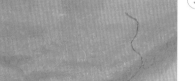

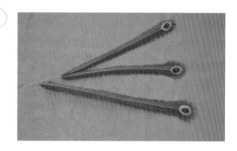

1. 用泡沫刻出石头的形状。

2. 把白色面、黑色面揉在一起，不要揉太匀，擀成薄片，包在石头状的泡沫上。

3. 用铁丝做出孔雀身体骨架（主要骨架形状）。

4. 在骨架上包上报纸。

5. 用土黄色面做出孔雀的爪子。

6. 把绿色面搓成长条，压成薄片。把缠有胶带的铁丝粘在压好的薄片上。

7. 在末端粘上花纹，再用剪刀剪出小羽毛。

⑧

8. 把剪好的尾羽插在孔雀的骨架上（注意孔雀大尾巴的形状）。

9. 用蓝色面搓成一头稍尖的椭圆扇形，压扁。

10. 用塑刀塑出小羽毛的形状（绿色、青色小羽毛同理）。

11. 粘在大腿和身体上。

12. 塑出孔雀的头部形状，压出眼窝。

13. 塑出孔雀的嘴巴。

14. 挑出鼻孔。

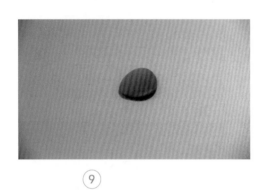

⑨

⑩

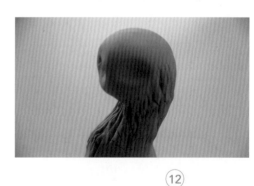

⑪

⑫

⑬

⑭

⑮

⑯

⑰

15. 用红色面做出舌头，粘在口腔里。

16. 在眼眶上粘上薄薄的白色面，用塑刀划出细丝状。

17. 在眼眶上安上眼睛。

18. 用绿色面揉成小球，插在细铁丝上，压成薄片，粘上少量黄色和蓝色面，用剪刀剪成冠羽，插在孔雀头上。

19. 用土黄色的面揉成长条，压扁。

20. 用塑刀划出羽毛的形状，做成三级飞羽，并用同样的方法做出大复羽、小复羽。

21. 把青色面和土黄色面搓成条叠在一起，重复对折伸拉，形成过渡色。

22. 用塑刀切成若干份。

⑱

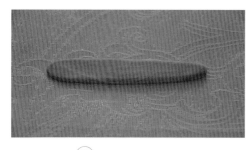

⑲

⑳

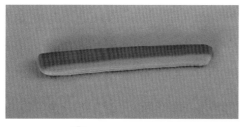

㉑

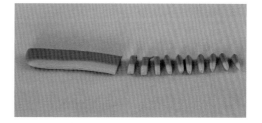

㉒

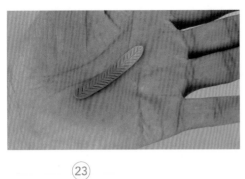

㉓ ㉔

㉕ ㉖

23. 搓成长条压扁，用塑刀塑出羽毛形状，做成初级飞羽。

24. 把初级飞羽粘上。

25. 把大复羽、小复羽安顺序都依次粘上。

26. 把做好的两个翅膀粘在孔雀的身体的两侧上。

27. 将花插在做好的孔雀下面石头的合适位置即可。

㉗

7 京剧人物

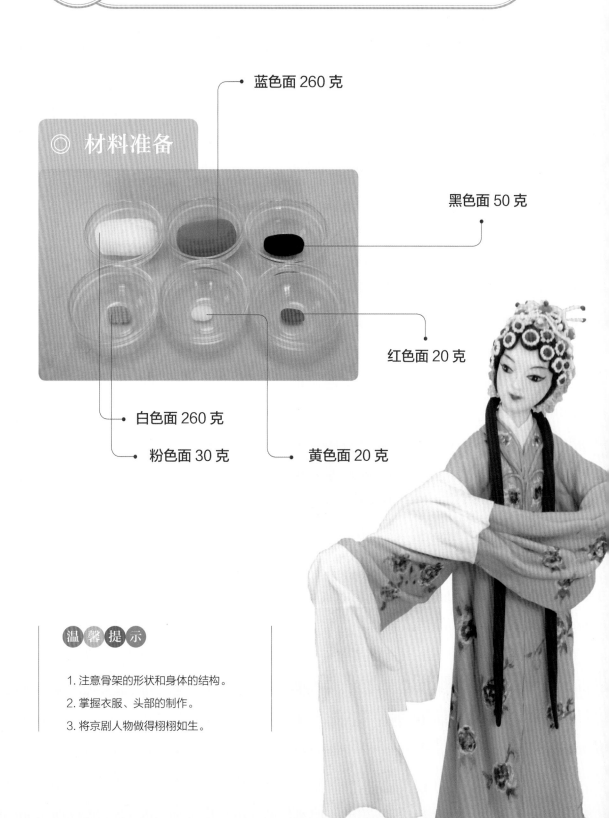

蓝色面 260 克

黑色面 50 克

◎ 材料准备

红色面 20 克

白色面 260 克

粉色面 30 克

黄色面 20 克

温馨提示

1. 注意骨架的形状和身体的结构。

2. 掌握衣服、头部的制作。

3. 将京剧人物做得栩栩如生。

★ 制作步骤

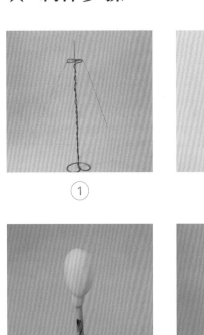
①

②

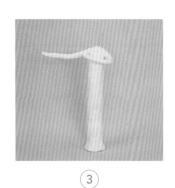
③

④

⑤

⑥

⑦

⑧

1. 用铁丝制作出骨架。

2. 在骨架上缠上报纸。

3. 在缠好报纸的骨架上裹一层面。

4. 用白色面捏出头的大体形状。

5. 用塑刀压出眼窝，挤出鼻梁。

6. 用塑刀确定鼻子的长短，挑出鼻孔。

7. 用塑刀切出口缝。

8. 用塑刀压出人中，用塑刀压出嘴角，用塑刀塑出口型。

(9)

(10)

(11)

(12)

9. 用开眼刀开出眼角，用白色面做出眼白（搓成橄榄核状）。

10. 用黑色面做出睫毛，用黑色面做出眼珠。

11. 用黑色面做出下眼线，用黑色面做出眉毛。

12. 用红色面做出嘴唇，用毛笔刷上粉色眼影，用白色面做出眼睛的光点。

13. 用黑色面做出头发。

14. 做出正面头饰。

15. 做出侧面头饰。

16. 再次做出正面头饰。

(13)

(14)

(15)

(16)

⑰

⑱

⑲

17. 做出发饰。

18. 再次做出侧面发饰。

19. 将做好的头安在身体上。

20. 用白色面擀成片状，粘在腿部，做出土裙。

21. 用手调整出褶皱，用塑刀压出衣褶。

22. 用蓝色面做出土裙的花边。

23. 用白色面擀成长方片状，用蓝色面做出装饰物，做出四喜带。

24. 粘在腰中间，下垂于两腿中间。

⑳

㉑

㉒

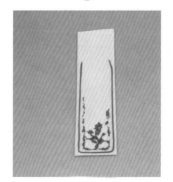
㉓

㉔

㉕

㉖

㉗

㉘

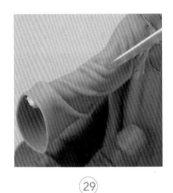

㉙

㉚

㉛

㉜

25. 用蓝色面擀成片状，粘在身体上，做出青衣。

26. 用手调整出衣褶。

27. 用白色面做出内衣领，用淡紫色面做出衣领。

28. 用蓝色面擀成片状，粘在胳膊上。

29. 用塑刀压出衣褶。

30. 用白色面擀成片状，做出水袖。

31. 用毛笔画上图案，用黑色面做出长发。

32. 将做好的京剧人放到底座上。

8 鱼

操作视频

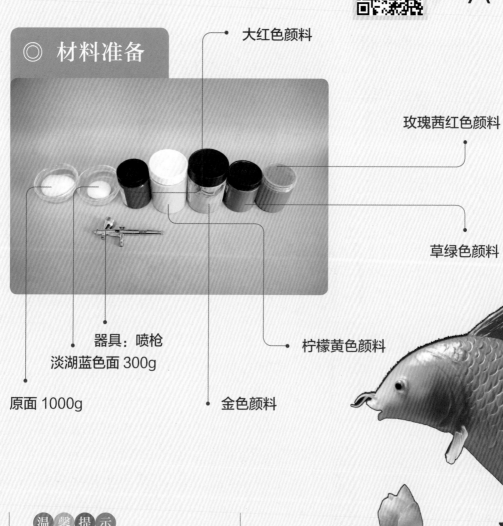

◎ 材料准备

大红色颜料

玫瑰茜红色颜料

草绿色颜料

柠檬黄色颜料

器具：喷枪

淡湖蓝色面 300g

金色颜料

原面 1000g

温 馨 提 示

1. 注意把握鱼的身体动态姿势。

2. 注意水浪层次的变化。

3. 在喷色的时候，把握好鱼身体颜色
的深浅变化。

★ 制作步骤

①

②

③

④ ⑥

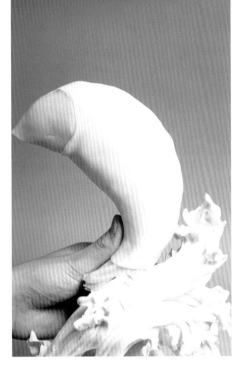

⑤

1. 用铁丝扎出鱼和浪花的骨架。

2. 用报纸缠出鱼和浪花的结构及形状。

3. 用淡蓝色面团塑出浪花形状。

4. 用工具压出浪花的结构。

5. 注意浪花的层次。

6. 用面塑出鱼的身体结构，注意鱼的动态结构。

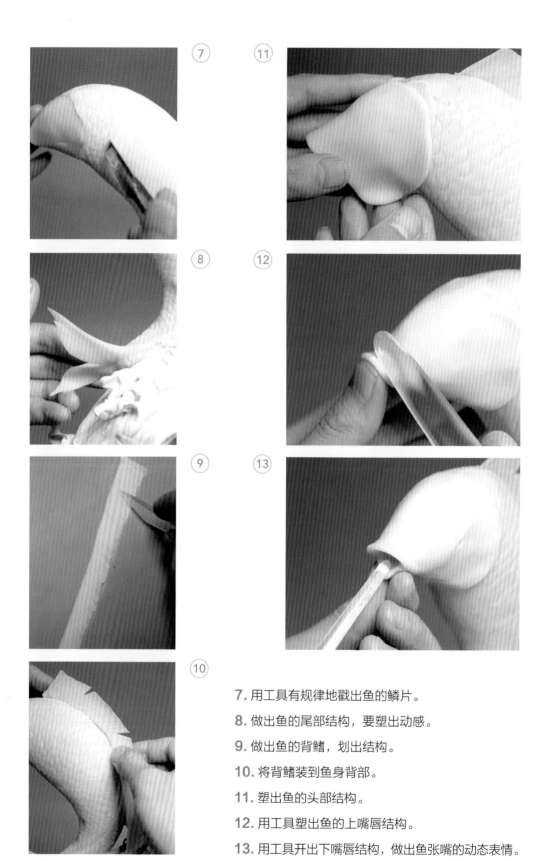

7. 用工具有规律地戳出鱼的鳞片。

8. 做出鱼的尾部结构，要塑出动感。

9. 做出鱼的背鳍，划出结构。

10. 将背鳍装到鱼身背部。

11. 塑出鱼的头部结构。

12. 用工具塑出鱼的上嘴唇结构。

13. 用工具开出下嘴唇结构，做出鱼张嘴的动态表情。

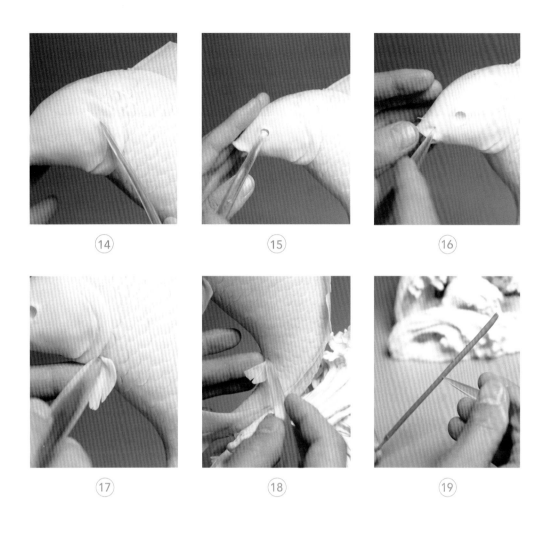

(14) (15) (16)

(17) (18) (19)

(20) (21)

14. 用工具在侧面压出鱼的腮部结构。

15. 用工具开出眼部结构。

16. 装上鱼的胡须。

17. 装上胸鳍。

18. 装上臀鳍。

19. 做出荷花、荷叶杆动态结构。

20. 用工具滚出荷叶边缘结构。

21. 用工具压出荷叶凹槽结构。

22. 将荷叶杆和荷叶
粘在一起。

23. 制作出多个花
瓣，粘在一起。

24. 对鱼的身体进行
喷色，注意色彩变化。

25. 荷叶上色。

26. 荷花上色。

27. 装上仿真眼。

28. 成品。

9 公鸡

操作视频 ▶🎥

◎ 材料准备

大红色颜料

草绿色颜料

赭石色颜料

黑色颜料

柠檬黄色颜料

器具：喷枪

熟褐色颜料

原面 1000g

生褐色面 100g

红色面 200g

温 馨 提 示

1. 把握公鸡威风凛凛的身体形态。

2. 注意鸡冠和尾巴等细节的处理。

3. 公鸡的羽毛色彩变化较多，在喷色时注意色彩的过渡和变化。

★ 制作步骤

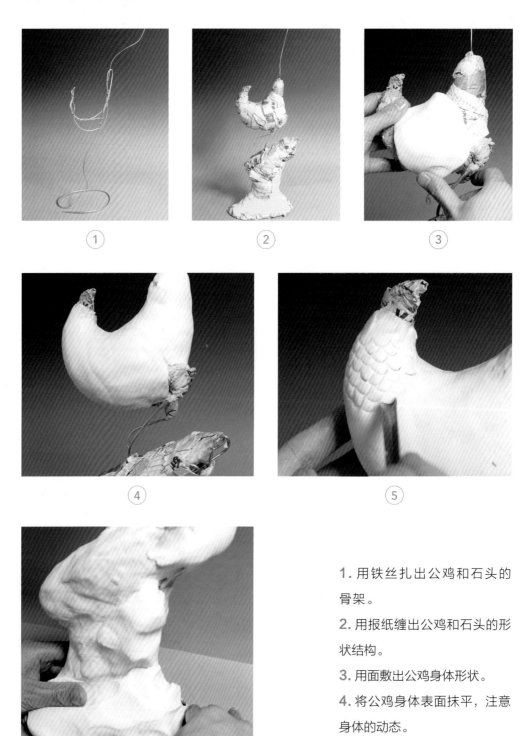

1. 用铁丝扎出公鸡和石头的骨架。

2. 用报纸缠出公鸡和石头的形状结构。

3. 用面敷出公鸡身体形状。

4. 将公鸡身体表面抹平，注意身体的动态。

5. 用工具戳出羽毛的鳞片状。

6. 塑出石头的形状。

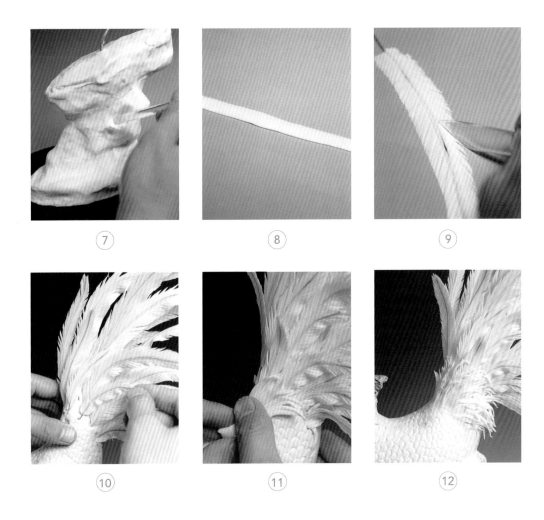

⑦　　　　　　⑧　　　　　　⑨

⑩　　　　　　⑪　　　　　　⑫

7. 压出石头的结构。

8. 搓出长条状，装上铁丝，压扁。

9. 划出羽毛的结构，注意中间厚边缘薄。

10. 将尾巴安装上，注意尾巴的层次和动态。

11. 做出公鸡尾部复羽。

12. 尾巴局部图。

13. 做出公鸡颈部的羽毛。

14. 塑出头部的形状。

⑬　　　　　⑭

⑮　　　　　　　　　　⑯　　　　　　　　　　⑰

⑱　　　　　　　　　　⑲　　　　　　　　　　⑳

15. 开出公鸡眼部的结构。

16. 先安上眼睛，再将上嘴安上，做出上嘴唇部分。

17. 压出公鸡嘴部结构，注意张嘴的动态。

18. 塑出公鸡鸡冠并装上。

19. 用工具压出鸡冠结构和纹理。

20. 做出公鸡下嘴肉锤，压出结构。

21. 做出公鸡翅膀的飞羽。

22. 做出公鸡翅膀复羽部分的羽毛。

㉑　　　　　　　　　　㉒

(23)

(24)

(25)

(26)

23. 塑出腿部的形状，压出结构。

24. 公鸡局部图。

25. 给公鸡尾巴喷色。

26. 对公鸡的身体进行喷色，注意身体的色彩变化。

27. 做出鸡冠花。

28. 制作完成。

(27)

(28)

10 老虎

黄色熟面 450 克

◎ 材料准备

白色熟面 100 克

红色熟面 15 克

黑色熟面 40 克

1. 注意骨架的形状和身体的结构。
2. 掌握老虎头部、嘴部的制作。
3. 熟悉老虎肌肉的制作。

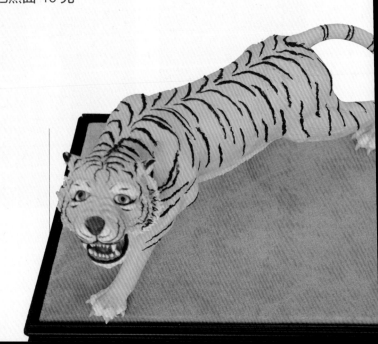

★ 制作步骤

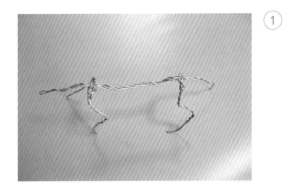

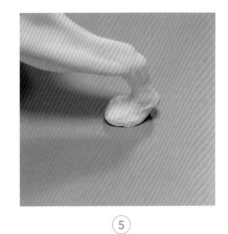

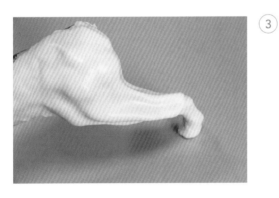

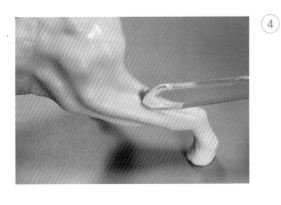

1. 用铁丝扎出老虎的骨架。

2. 在扎好的老虎骨架上缠上报纸。

3. 塑出后腿的大体形状。

4. 用塑刀塑出后腿的肌肉，压出关节的形状和骨骼的结构。

5. 在爪子上的位置包上白色面团。

6. 用塑刀塑出爪子的形状。

⑦

⑧

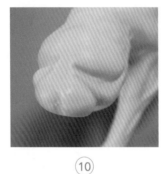
⑨

⑩

⑪

⑫

⑬

⑭

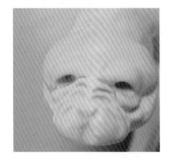

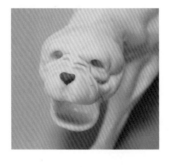

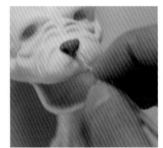

⑮

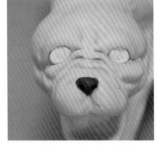

7. 塑出前腿的大体形状。

8. 塑出前腿肌肉的形状。

9. 捏出老虎头部的大体形状，定出眼窝的位置。

10. 做出脸部的结构。

11. 用塑刀压出眼窝。

12. 用塑刀塑出鼻梁，推出眉骨。

13. 用塑刀塑出老虎的下颚，用红色面团做出老虎的鼻头。

14. 用塑刀塑出鼻孔。

15. 用白色面团做出白眼球。

（16）

（17）

（18）

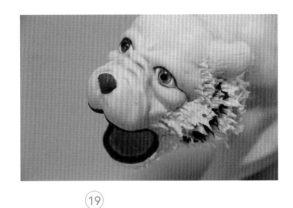

（19）

16. 用黑色面团做出唇边，用红色面团和白色面团调出淡红色面团，做出老虎的口腔。

17. 安上仿真眼和睫毛。

18. 做出老虎耳朵的形状，安上（注意耳朵的形状）。

19. 在腮部贴上白色的面，用塑刀塑出腮毛，同样用黄色、黑色面团塑出腮毛。

20. 用白色面团做出老虎眉毛的形状，用塑刀塑出眉毛。

21. 把白色面团贴在嘴唇上，用塑刀塑出纹路。

22. 安上老虎的牙龈。

23. 装上老虎的上牙，用红色面团做出舌头，安在口腔上。

（20）

（21）

（22）

（23）

㉔

㉕

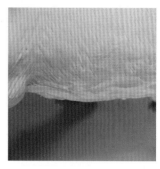
㉖

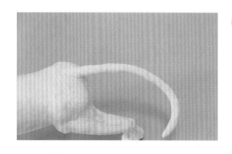
㉗

24. 装上老虎的下牙。

25. 用黑色面团搓成细条,粘在老虎头部上,做出老虎的黑色纹路。

26. 在腹部贴上白色的面,抹平,做成腹部的毛。

27. 用铁丝做出老虎尾巴的形状,包上黄色面。

㉘

28. 粘上黑色细条做成老虎尾巴的纹路。

29. 用黑色面搓成细条,粘在老虎身体上,做出老虎身体的纹路。

30. 用红色面和白色面混合,调成淡红色面,做出老虎的虎爪。

31. 将做好的老虎放到底座上。

㉙

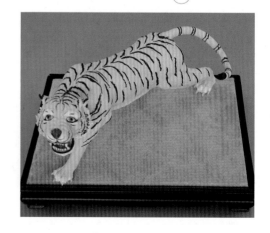
㉛

㉚

11 牛

操作视频

◎ 材料准备

土黄色熟面 600 克

黑色熟面 10 克

白色熟面 20 克

温馨提示

1. 认识牛的基本外形特征。

2. 注意骨架的形状和身体的结构。

3. 掌握头部、嘴部的制作。

★ 制作步骤

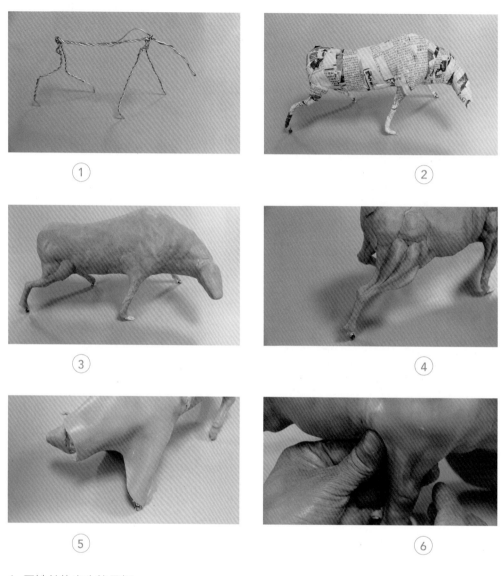

1. 用铁丝扎出牛的骨架。

2. 把扎好的牛的骨架缠上报纸。

3. 把缠上报纸的骨架包上一层面。

4. 用面塑出牛腿上的肌肉。

5. 擀一块薄的面片，包在肩胛和腿上。

6. 用手把面片和肌肉贴紧（不要有空气）。

7. 用塑刀塑出牛前腿的关节和形状，压出肌肉的结构。

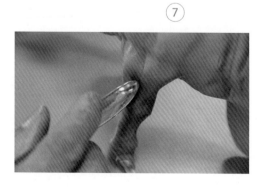

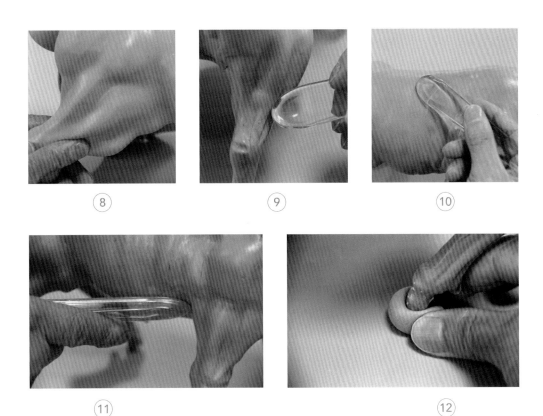

8. 同样擀一块薄的面片，包在后腿和皮肤上，把面片和肌肉贴紧（不要有空气）。

9. 用塑刀塑出牛后腿部的关节和形状，压出肌肉的结构。

10. 把背部用塑刀压平修光。

11. 用面塑出牛腹部的形状，压光修平。

12. 把黑色面团与白色面团混合揉成灰色面，做出牛蹄的形状。

13. 用塑刀把牛蹄分开。

14. 用塑刀塑出脖子上的肌肉，注意肌肉的形状。

15. 塑出牛头部的形状。

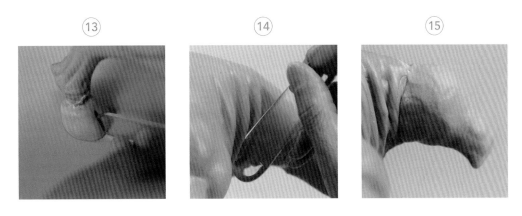

⑯

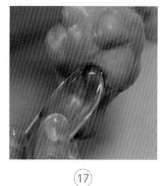
⑰

⑱

⑲

⑳

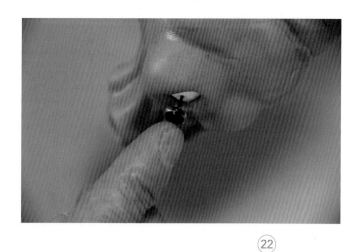
㉑

16. 塑出牛头部的骨骼。

17. 塑出牛头部肌肉，注意肌肉的形状。

18. 开出牛嘴部，注意嘴部结构。

19. 压出牛鼻子的结构，挑出鼻孔。

20. 做出牛的眼部结构。

21. 给牛做上白色眼球。

22. 安上仿真眼。

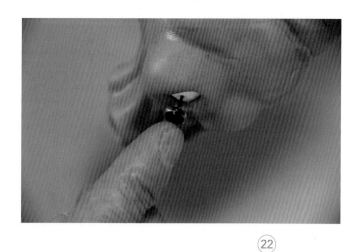
㉒

23. 压出牛眼睑的结构。

24. 取橘黄色面团，捏出牛的耳朵。

㉓

㉔

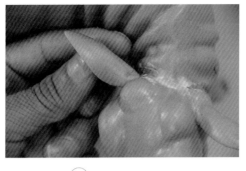
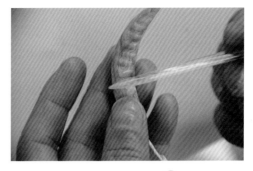

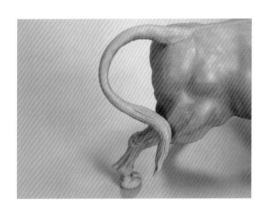

25. 将牛耳朵安上。

26. 把黑色和白色面团混合揉成灰色面,不要揉匀,做出牛角的大体形状,用塑刀压出纹路。

27. 将牛角安上。

28. 做出牛尾巴。

29. 将牛尾巴用胶粘上。

30. 将做好的牛放入到底座上。

12 天使

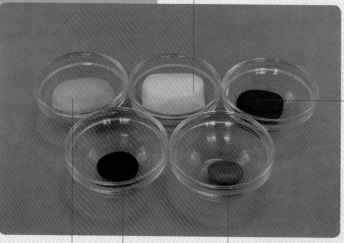

白色 200 克

◎ 材料准备

大红 80 克

桃红 40 克

肤色 180 克

黑色 50 克

温 馨 提 示

1. 注意骨架的形状和身体的结构。

2. 掌握天使翅膀的制作。

3. 熟悉头部的制作。

★ 制作步骤

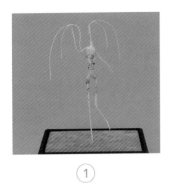

①

②

③

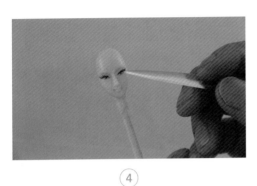

④

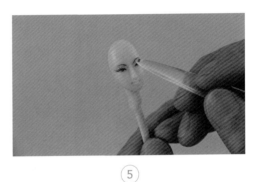

⑤

⑥

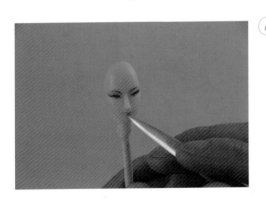

⑦

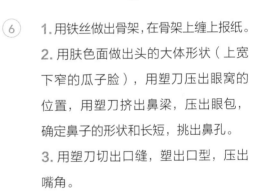

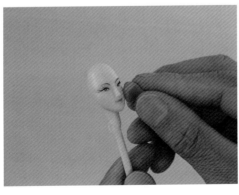

1. 用铁丝做出骨架，在骨架上缠上报纸。

2. 用肤色面做出头的大体形状（上宽下窄的瓜子脸），用塑刀压出眼窝的位置，用塑刀挤出鼻梁，压出眼包，确定鼻子的形状和长短，挑出鼻孔。

3. 用塑刀切出口缝，塑出口型，压出嘴角。

4. 用开眼刀开出眼角，用白色面做出眼白（做成橄榄核形状），用淡蓝色面、黑色面做出眼珠，用黑色面做出睫毛。

5. 用白色面做出眼睛光点，用黑色面搓成细丝，做成眉毛。

6. 用红色面做出嘴唇。

7. 用桃红色面将脸蛋润色，使脸蛋显得白里透红。

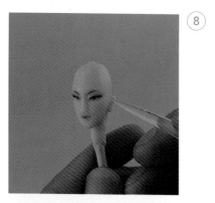

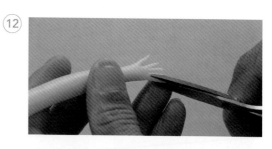

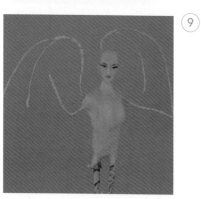

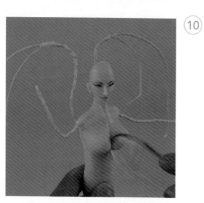

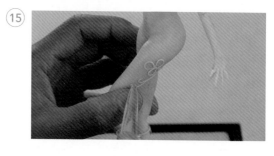

8. 用肤色面做出耳朵的大体形状，压出耳轮耳蜗。

9. 将做好的头安在骨架上，用肤色面做出身体。

10. 用塑刀塑出胸的形状。

11. 用肤色面做出腿部，捏出脚的大体形状。

12. 用肤色面捏出手的大体形状，用剪刀剪出五指。

13. 调整手的大体形状，将做好的手安在胳膊上。

14. 用浅粉色面做出鞋子。

15. 用淡粉色面搓成细条，用塑刀粘在大腿上。

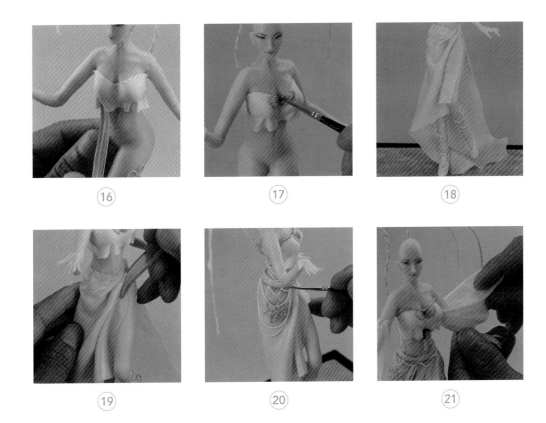

⑯ ⑰ ⑱

⑲ ⑳ ㉑

㉒

㉓

16. 用白色面擀成薄片，贴在胸部，做出文胸，用塑刀压出花边。

17. 用淡粉色面做出装饰，用塑刀切出纹路，用紫色、桃红色、黄色、蓝色染料进行涂色。

18. 将淡粉色面擀成薄片，粘在腿部，做出裙子。

19. 用塑刀塑出衣褶。

20. 将白色面和黄色面搓成细条，相交缠绕做出腰带，用黄色面搓成细条，做出裙子的图案，用梳子压成串珠，做成裙子的装饰，用毛笔进行涂色。

21. 将白色面擀成薄片，做出衣袖，用手调整出衣褶。

22. 用白色面做成花朵，将花瓣涂色，做出衣袖的装饰，用淡粉色面搓成细条，用梳子压出串珠，做成手链，用粉色面揉成小球。

23. 用黄色面搓成细条，用梳子压成串珠，做成项链，用蓝色面、红色面揉成小球，做成项链上的珠宝，用毛笔涂成金色。

㉔ ㉕ ㉖

㉗ ㉘ ㉙

㉚ ㉛

24. 用塑刀塑出胸的形状用棕色面搓成长条，用压板压出发丝，粘在头部，做出秀发。

25. 在做好的翅膀骨架上粘上一层白色面。

26. 将白色面搓成一端稍尖的长条、压扁，用压板压出纹路，用剪刀剪出羽毛。

27. 将羽毛粘在翅膀上。

28. 做出天使的翅膀。

29. 用白色面做成小花，粘在头发一侧，用毛笔进行涂色，做出发饰。

30. 用红色面做出指甲。

31. 将做好的天使放到底座上。

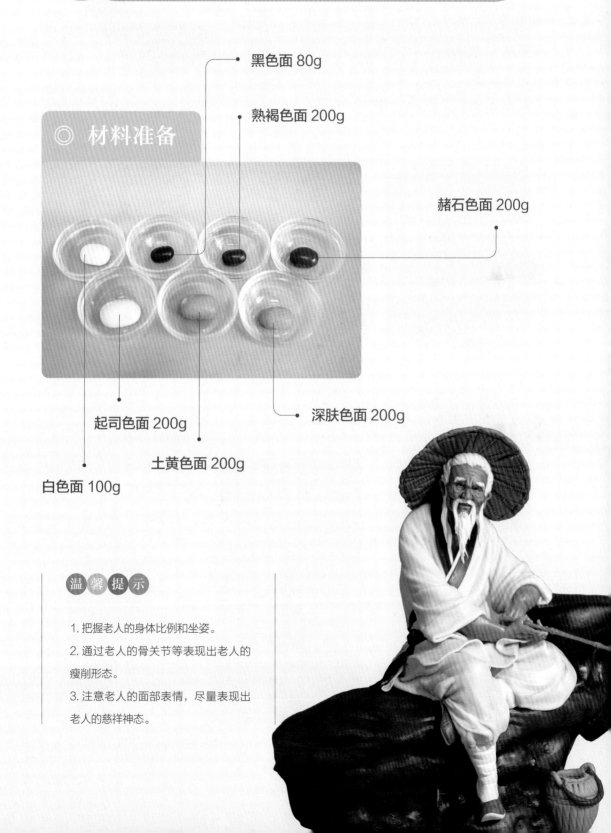

13 老人

◎ 材料准备

黑色面 80g

熟褐色面 200g

赭石色面 200g

深肤色面 200g

起司色面 200g

土黄色面 200g

白色面 100g

温馨提示

1. 把握老人的身体比例和坐姿。

2. 通过老人的骨关节等表现出老人的瘦削形态。

3. 注意老人的面部表情,尽量表现出老人的慈祥神态。

★ 制作步骤

①

②

③

④

⑤

⑥

⑦

1. 用铁丝、报纸缠出石头
的骨架和形状。

2. 用面团敷出石头的形状
结构和纹理。

3. 捏出一个圆柱体，定出
脸型。

4. 在脸部定出眉骨、眼睛
的位置。

5. 开出人物的眼睛、鼻子、
脸颊结构。

6. 压出人物脸颊两侧的皱纹。

7. 压出人物的眉骨、眉心
结构。

⑧

⑨

⑩

⑪

⑫

⑬

⑭

8. 开出人物的眼睛，挑出鼻孔结构。

9. 推出人物的上嘴唇和下嘴唇结构。

10. 给人物装上白眼珠、镶上眼线和黑眼球。

11. 给人物装上眉毛、头发、耳朵。

12. 给人物脸颊掸上腮红，使人物更生动。

13. 做出人物脖子和胸部骨骼、肌肉结构。

14. 塑出人物一条腿的形状和动态。

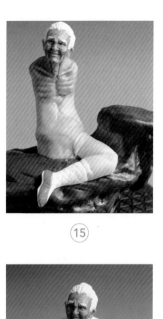

⑮

⑯

⑰

⑱

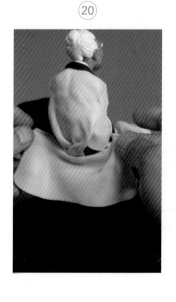

⑲

⑳

㉑

15. 做出鞋。

16. 做出裤子，压出衣褶结构。

17. 做出人物的另一条腿。

18. 做出人物上身衣服，压出衣褶。

19. 做出人物上衣领口和衣服的前下摆。

20. 折出人物上衣后下摆。

21. 压出人物上衣后下摆的衣褶结构。

22

23

24

22. 做出人物手部结构，剪出手指并压出结构。

23. 将人物的左臂装上，压出关节衣褶。

24. 将人物的右臂装上，压出衣褶。

25. 成品。

25

工匠精神榜样：面塑大师汤子博

　　面塑大师汤子博（1882—1971），原名有彝，艺名"面人汤"，北京通州新城南关人。幼年语迟但心灵手巧，尤喜绘画，入私塾业余学画常废寝忘食，辍学后爱到画店观摩，十五六岁便可画戏曲人物。当时通州往来艺人极多，山东曹州艺人所塑面人生动古朴，所用工具简单。汤子博自制竹针，试捏面人，反复制作，获得成功。于是，他身背木箱，以此为业。此间，他曾向通州著名画匠田凤鸣学习写意画和工笔画，后又到京域向张竹轩、胡竹溪学习，涉猎金石、泥、面、木、油、漆、彩、画、糊等多门造型艺术和实用美术，并将塑佛像、画壁画、画窗帘、画灯笼片子等多种技艺融为一体。

　　为丰富阅历，开阔眼界，汤子博先后游历河北、山东、山西、内蒙以及西北、东北等地，悉心观察。在天津，见到少女装扮与别地不同，他便仿捏一少女放在工具面料箱上。在众人议论中，获知各种饰物名称。在涿州一座废弃古寺中，他看见菩萨像雕塑精美，即细致观赏每一部位，直到傍晚。他在大同云岗石窟长住，反复审视佛像神态和手势。如此，对捏古装人物大有裨益。在游历间，他经常上集赶庙会，很多地方戏曲和高跷、狮子、五虎棍、跑旱船等民间花会及摔跤等各种技艺，使他对社会生活和各类事物有深刻了解。这期间，他还掌握做泥人、配制古玩、捏瓷人和"作旧"等技能，绘画和面塑技艺更致成熟。

　　汤子博的面塑题材涉及古今中外、男女老少、五行八作，十分广泛，极受推崇。他能在极小空间内，捏出"独钓寒江""竹林七贤"等故事，如在核桃壳上塑"三战吕布"，有虎牢关景致，有各骑战马执兵刃激战情景，栩栩如生；所塑"老者"，能反映老人丰富经历和世态苍凉；所制"钟馗"，身着红袍，面部红褐，钯靴黑赭，靴尖红赭，须发蓬松，嗔目怒视，手指蝙蝠，剑光闪闪，以反映劳动人民追求幸福安康的心愿。民国期间，他曾为京剧大师梅兰芳及社会名流、官宦仁绅塑制作品，当时的清华大学刘文典教授书赠"艺术惠之"条幅、北京大学刘半农教授为他赋诗。

第三章

民间艺术面塑制作

知识目标：了解古代历史人物的特征、着装特点及表情变化，掌握相关的面塑手法。

技能目标：通过观察不同人物的特征、着装特点及表情变化，能够熟练地捏制面塑制品。

素养目标：使学生能够运用所学的知识，独立制作不同人物的面塑制品。

① 寿星

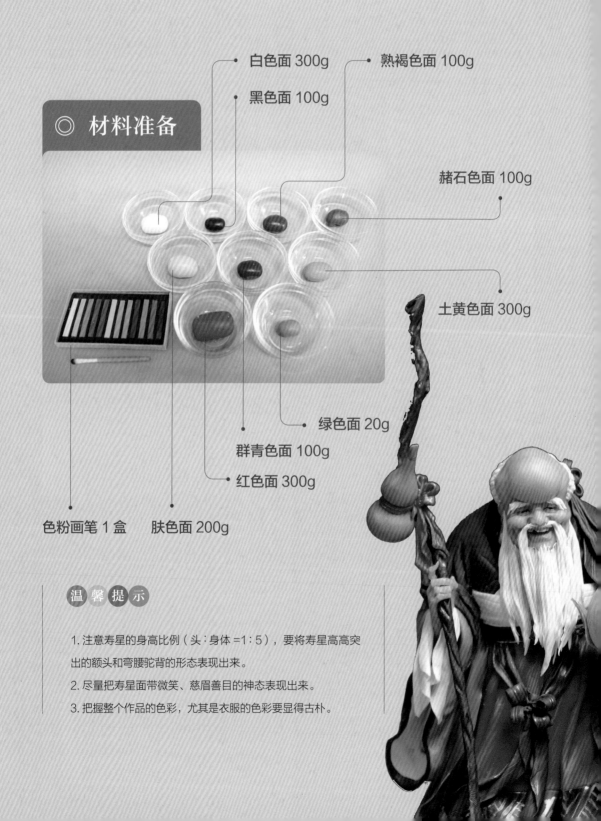

◎ 材料准备

白色面 300g · 熟褐色面 100g

黑色面 100g

赭石色面 100g

土黄色面 300g

绿色面 20g

群青色面 100g

红色面 300g

色粉画笔 1 盒　肤色面 200g

温 馨 提 示

1.注意寿星的身高比例（头∶身体=1∶5），要将寿星高高突出的额头和弯腰驼背的形态表现出来。

2.尽量把寿星面带微笑、慈眉善目的神态表现出来。

3.把握整个作品的色彩，尤其是衣服的色彩要显得古朴。

★ 制作步骤

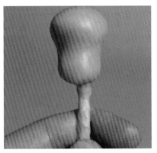

①

②

③

④

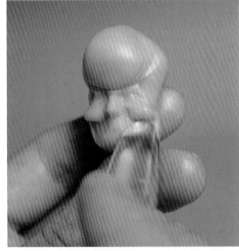

⑤

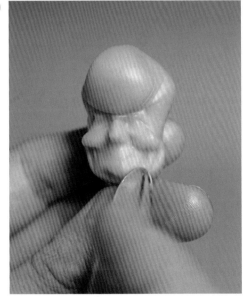

⑥

1. 捏出一个圆柱体，定出寿星脸型。

2. 用工具压出寿星额头结构。

3. 定出寿星的眉骨，挑出鼻子并填补修平。

4. 压出寿星的眼部、眉骨、太阳穴结构。

5. 推出寿星脸颊肌肉和皱纹。

6. 压出寿星下巴结构。

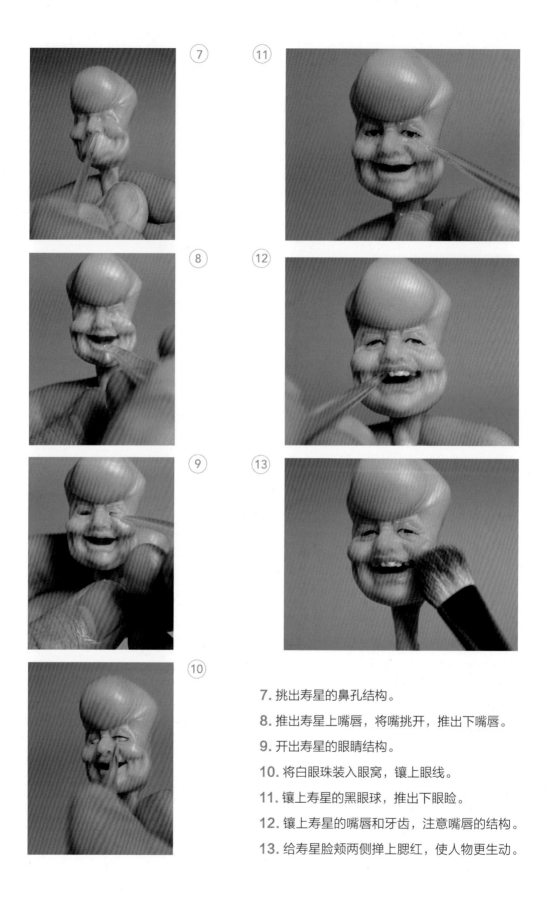

7. 挑出寿星的鼻孔结构。

8. 推出寿星上嘴唇，将嘴挑开，推出下嘴唇。

9. 开出寿星的眼睛结构。

10. 将白眼珠装入眼窝，镶上眼线。

11. 镶上寿星的黑眼球，推出下眼睑。

12. 镶上寿星的嘴唇和牙齿，注意嘴唇的结构。

13. 给寿星脸颊两侧掸上腮红，使人物更生动。

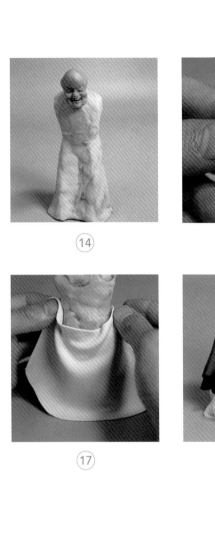

(14)

(15)

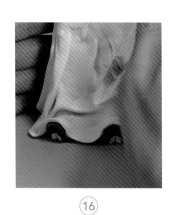

(16)

(17)

(18)

(19)

(20)

(21)

14. 做出寿星身体骨架形状，将头部装上。

15. 做出寿星的鞋子部分。

16. 装上鞋子，做出前裙摆，压出裙边的衣褶。

17. 折出寿星后面衣服的裙摆。

18. 折出寿星第二层的裙摆，压出衣褶结构。

19. 做出寿星上身衣服的结构，装上领口。

20. 装上寿星的腰带和飘带，注意飘带的动态。

21. 装上寿星的耳朵，压出结构。

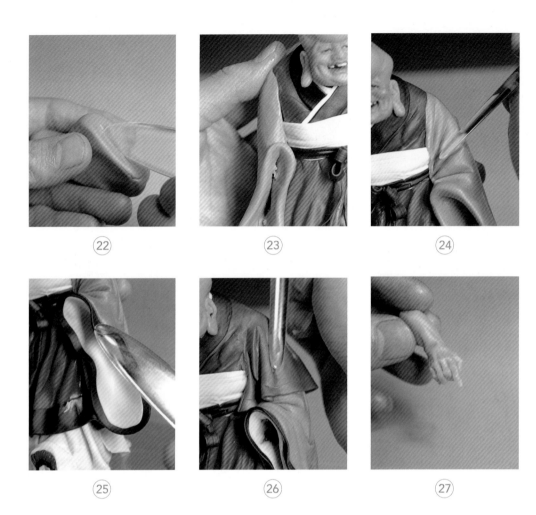

㉒ ㉓ ㉔

㉕ ㉖ ㉗

㉘

22. 用工具开出寿星衣服袖子的衣口。

23. 将寿星的袖子装上。

24. 压出寿星手臂衣褶结构。

25. 装上寿星衣服袖口，压出衣褶。

26. 用工具塑出寿星肩部衣褶。

27. 做出寿星的手部结构，注意手指关节。

28. 将做好的一只手嵌入袖口中，压紧固定。

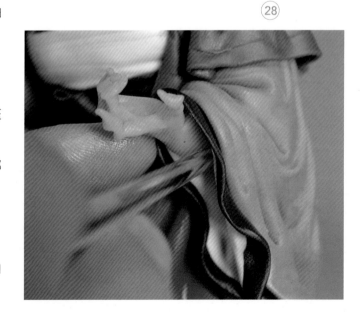

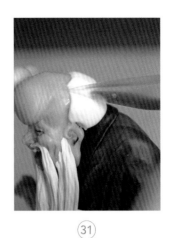

㉙

㉚

㉛

㉜

㉝

㉞

29. 将寿星的另一只手装
上，做出袖口的衣褶。

30. 给寿星装上胡子，注意
胡须的层次质感。

31. 装上寿星的头发，压出
结构。

32. 装上寿星的眉毛。

33. 局部图。

34. 塑出寿桃形状,压出结构。

35. 用铜丝和报纸做出拐杖
的骨架。

36. 塑出拐杖的形状和纹
理，压出结构。

㉟

㊱

㊲ ㊳ ㊴

㊵

37. 将拐杖嵌入寿星右手中。

38. 装上寿桃，做出几片叶子。

39. 将做好的葫芦安到拐杖上。

40. 画出寿星衣服衣边的图案。

2 旗袍风韵（一）

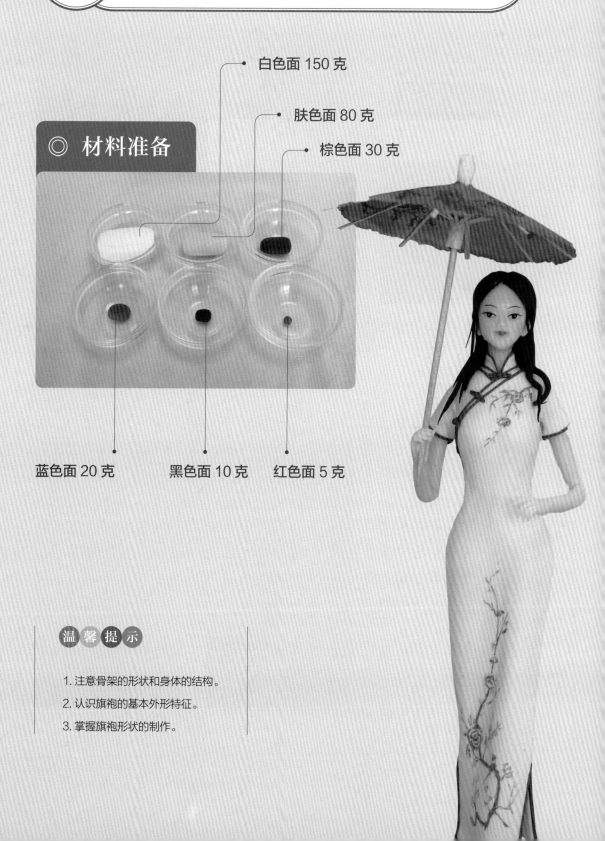

白色面 150 克

肤色面 80 克

棕色面 30 克

◎ 材料准备

蓝色面 20 克　　黑色面 10 克　　红色面 5 克

温 馨 提 示

1. 注意骨架的形状和身体的结构。
2. 认识旗袍的基本外形特征。
3. 掌握旗袍形状的制作。

★ 制作步骤

①

②

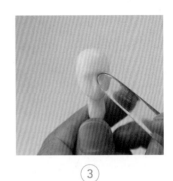

③

④

⑤

⑥

1. 用铁丝制作出骨架。

2. 用肤色面捏出头的大体
形状。

3. 用塑刀压出眼窝，挤出
鼻梁。

4. 用塑刀确定鼻子的长短，
挑出鼻孔。

5. 用塑刀切出口缝，塑出
口型。

6. 用开眼刀开出眼角，用
白色面做出眼白（搓成橄
榄核状）。

7. 用黑色面做出眼珠，用
黑色面做出睫毛。

8. 用黑色面做出眉毛，用
白色面做出眼睛的光点。

⑦

⑧

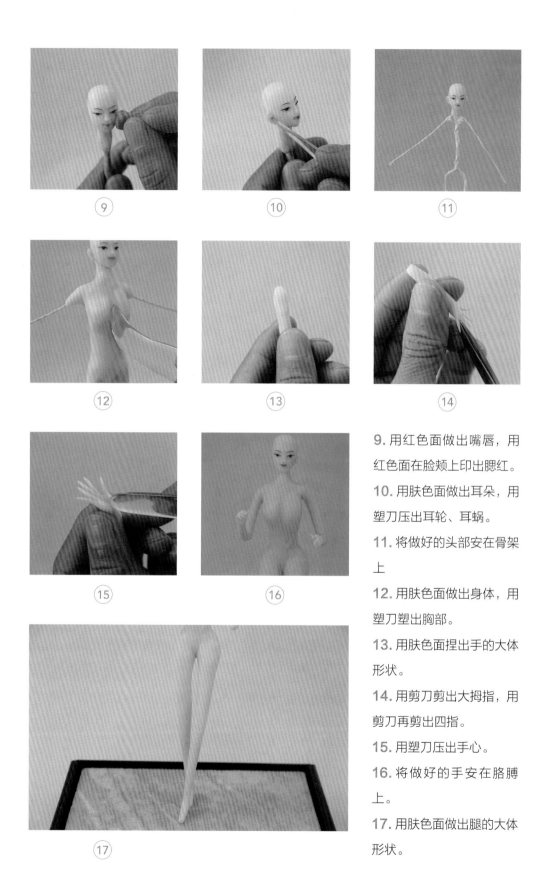

9. 用红色面做出嘴唇，用红色面在脸颊上印出腮红。

10. 用肤色面做出耳朵，用塑刀压出耳轮、耳蜗。

11. 将做好的头部安在骨架上

12. 用肤色面做出身体，用塑刀塑出胸部。

13. 用肤色面捏出手的大体形状。

14. 用剪刀剪出大拇指，用剪刀再剪出四指。

15. 用塑刀压出手心。

16. 将做好的手安在胳膊上。

17. 用肤色面做出腿的大体形状。

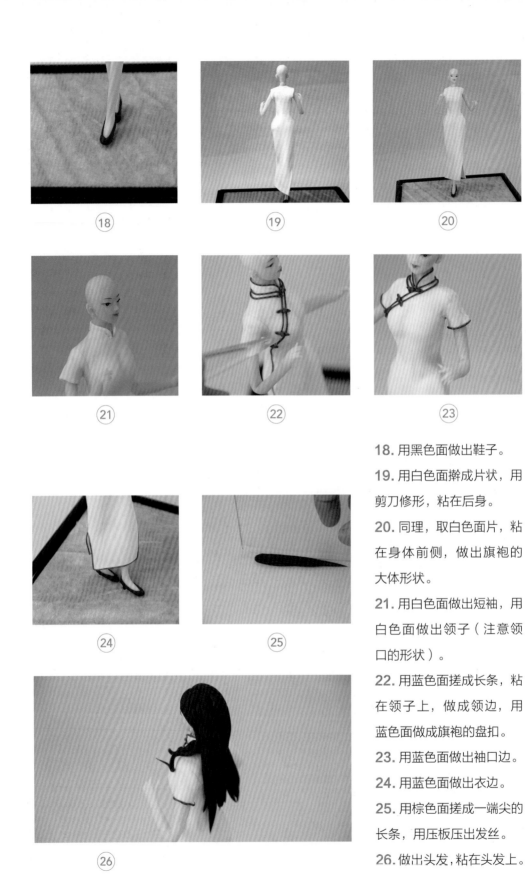

18. 用黑色面做出鞋子。

19. 用白色面擀成片状，用剪刀修形，粘在后身。

20. 同理，取白色面片，粘在身体前侧，做出旗袍的大体形状。

21. 用白色面做出短袖，用白色面做出领子（注意领口的形状）。

22. 用蓝色面搓成长条，粘在领子上，做成领边，用蓝色面做成旗袍的盘扣。

23. 用蓝色面做出袖口边。

24. 用蓝色面做出衣边。

25. 用棕色面搓成一端尖的长条，用压板压出发丝。

26. 做出头发,粘在头发上。

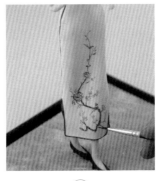

㉗   ㉘   ㉙

27. 注意前面头发摆放的方向。

28. 用毛笔画上图案。

29. 将油纸伞放在人物的右手上。

30. 将做好的旗袍风韵放到底座上。

㉚

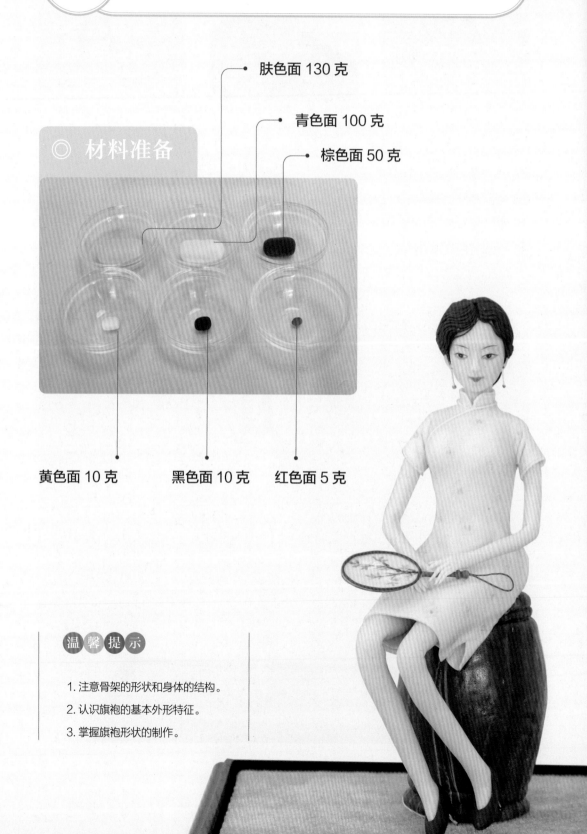

◎ 材料准备

肤色面 130 克

青色面 100 克

棕色面 50 克

黄色面 10 克　黑色面 10 克　红色面 5 克

温 馨 提 示

1. 注意骨架的形状和身体的结构。

2. 认识旗袍的基本外形特征。

3. 掌握旗袍形状的制作。

★ 制作步骤

1. 用棕色面和黄色面不均匀混合，擀成片状。

2. 包在圆凳泡沫上，做出圆凳的大体形状。

3. 用塑刀压出圆凳的纹路。

4. 用肤色面捏出头的大体形状。

5. 用塑刀压出眼窝，用塑刀挤出鼻梁。

6. 用塑刀确定鼻子的长短，用塑刀挑出鼻孔。

7. 用塑刀切出口缝，用塑刀塑出口型。

8. 用开眼刀开出眼角，用白色面做出眼白（擀成橄榄核状）。

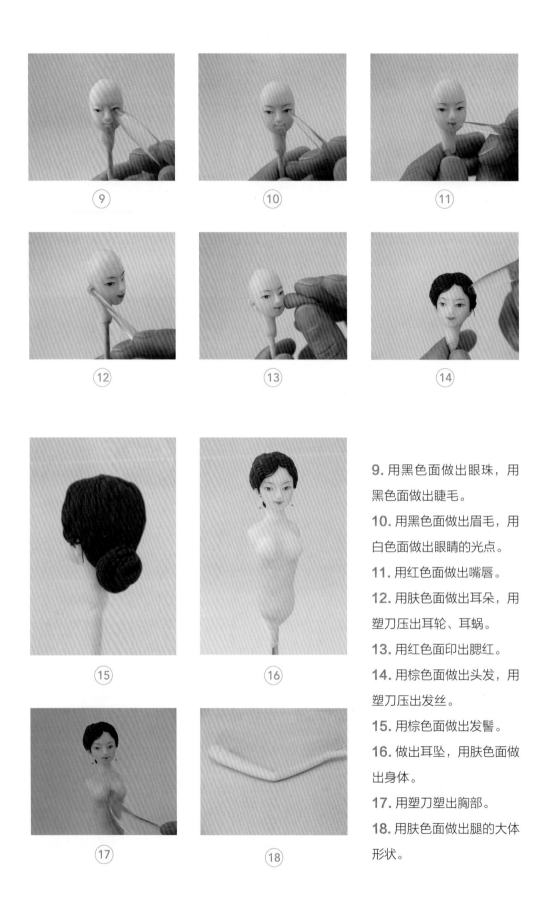

9. 用黑色面做出眼珠，用黑色面做出睫毛。

10. 用黑色面做出眉毛，用白色面做出眼睛的光点。

11. 用红色面做出嘴唇。

12. 用肤色面做出耳朵，用塑刀压出耳轮、耳蜗。

13. 用红色面印出腮红。

14. 用棕色面做出头发，用塑刀压出发丝。

15. 用棕色面做出发髻。

16. 做出耳坠，用肤色面做出身体。

17. 用塑刀塑出胸部。

18. 用肤色面做出腿的大体形状。

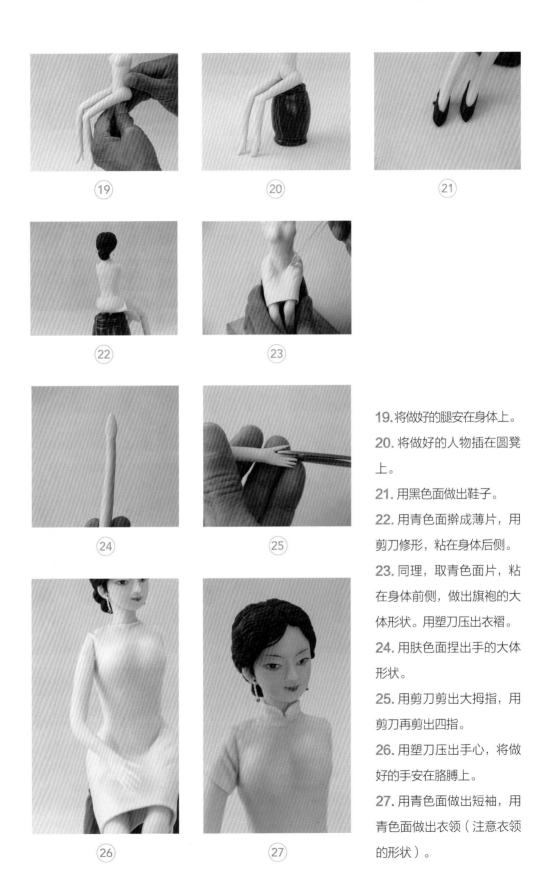

19. 将做好的腿安在身体上。

20. 将做好的人物插在圆凳上。

21. 用黑色面做出鞋子。

22. 用青色面擀成薄片，用剪刀修形，粘在身体后侧。

23. 同理，取青色面片，粘在身体前侧，做出旗袍的大体形状。用塑刀压出衣褶。

24. 用肤色面捏出手的大体形状。

25. 用剪刀剪出大拇指，用剪刀再剪出四指。

26. 用塑刀压出手心，将做好的手安在胳膊上。

27. 用青色面做出短袖，用青色面做出衣领（注意衣领的形状）。

28. 用毛笔在旗袍上画上图案，用黄色面搓成细长条，做成衣领边。

29. 做出扇子。

30. 将做好的扇子放在人物的左手上。

31. 将做好的作品放到底座上。

㉘

㉙

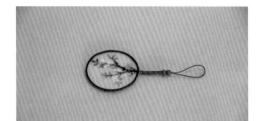

㉚

㉛

4 教子

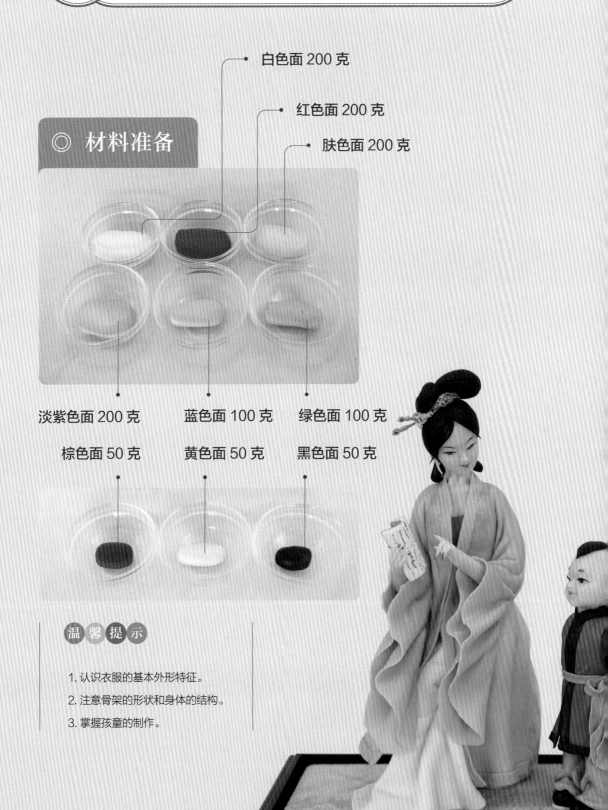

白色面 200 克

红色面 200 克

肤色面 200 克

◎ 材料准备

淡紫色面 200 克　　　蓝色面 100 克　　　绿色面 100 克

棕色面 50 克　　　黄色面 50 克　　　黑色面 50 克

温 馨 提 示

1. 认识衣服的基本外形特征。

2. 注意骨架的形状和身体的结构。

3. 掌握孩童的制作。

★ 制作步骤

①

②

③

④

⑤

⑥

1.用泡沫做出圆凳的大体形状。

2.用蓝色面和白色面混合不均匀,包在泡沫圆凳上。

3.用肤色面捏出头的大体形状。

4.用塑刀压出眼窝,用塑刀挤出鼻梁,确定鼻子的长短,挑出鼻孔。

5.用塑刀切出口缝,用塑刀压出人中,塑出口型,压出嘴角。

6.用开眼刀开出眼角,用白色面做出眼白(擀成橄榄核状),用黑色面做出睫毛。

⑦

⑧

⑨

⑩

⑪

7. 用黑色面做出眼珠，用白色面做出眼睛的光点，用黑色面做出眉毛，用红色面做出嘴唇。

8. 用黑色面做出头发，用塑刀切出发丝，用肤色面做出耳朵的大体形状，用塑刀压出耳轮、耳蜗，用红色面做出腮红。

9. 用黄色面做出头饰，用毛笔涂上金色颜料，用棕色面做出簪子，用装饰物进行装饰。

10. 做出耳坠，用肤色面做出身体，用塑刀压出锁骨和胸部。

11. 用红色面做出内衣，放到圆凳上。

12. 用肤色面捏出腿的大体形状。

13. 安在身体下面，做出双腿。

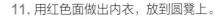

⑫

⑬

⑭

⑮

⑯

⑰

⑱

⑲

⑳

14. 用白色面擀成片状，粘在腿部，做出土裙。

15. 用手调整出褶皱，用塑刀压出衣褶。

16. 用淡紫色面擀成片状，粘在身体上，做出外衣。

17. 用手调整出褶皱，用塑刀压出衣褶。

18. 用蓝色面做出外衣边。

19. 用淡紫色面搓成圆柱状，用手将圆柱二分之一处弯下，用手将边缘捏薄。

20. 捏成衣袖的形状，用塑刀压出衣袖的褶皱。

（21）

21. 粘在身体上，做出胳膊，用塑刀压出衣褶。

22. 用肤色面捏出手的大体形状。

23. 用剪刀剪出大拇指，再剪出四指，用塑刀压出指纹，调整手的形状。

24. 用红色面做出指甲。

25. 将做好的手安在胳膊上。

26. 用黑色面做出发髻。

27. 用蓝色面和白色面叠加，用塑刀切成长方形，调整形状做出书籍。

（22）

（23）

（24）

（25）

（26）

（27）

28. 用毛笔画上字迹，将做好的
书籍安在人物右手上。

29. 用铁丝做出小孩的骨架。

30. 缠上报纸。

31. 将缠好的报纸的骨架裹上一
层面。

32. 用黑色面做出鞋子的大体形
状，用白色面做鞋底。

33. 用绿色面擀成片状，粘在腿
部，做出裤子，用塑刀压出衣褶。

34. 用红色面擀成片状，用黑色
面做衣边，粘在身体上，做出上衣。

㉘

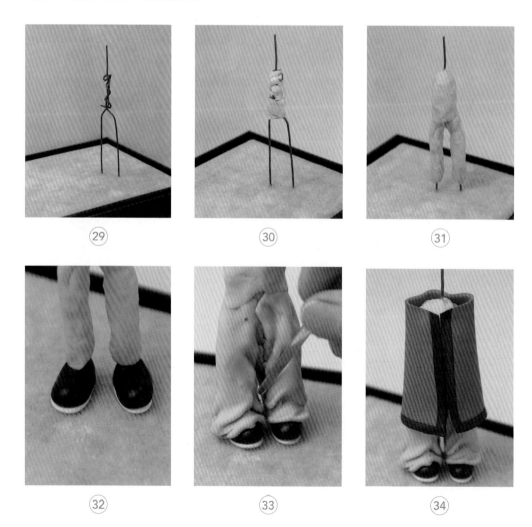

㉙　　　　　　　㉚　　　　　　　㉛

㉜　　　　　　　㉝　　　　　　　㉞

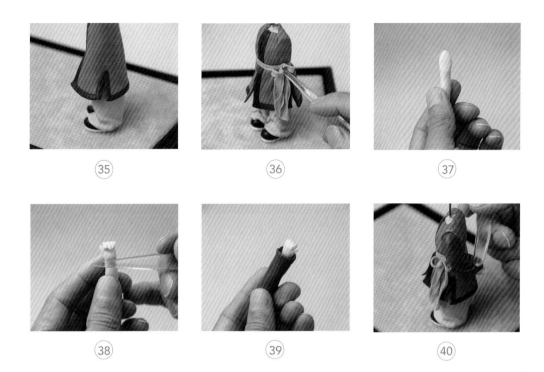

35. 用剪刀将衣服的侧面剪开二分之一，用黑色面做出衣边。

36. 用塑刀压出腰部的位置，用塑刀压出衣褶，用淡紫色面做出腰带，用淡紫色面做出腰带穗。

37. 用肤色面捏出手的大体形状。

38. 用剪刀剪出大拇指，再剪出四指，用塑刀压出指纹，调整手的形状。

39. 用棕色面做出衣袖。

40. 将做好的胳膊粘在身体上，调整为背手状，用塑刀压出衣褶。

41. 用肤色面捏出头的大体形状。

42. 用塑刀压出眼窝，用塑刀挤出鼻梁，确定鼻子的长短，挑出鼻孔。

43. 用塑刀切出口缝，塑出口型，塑出人中，压出嘴角。

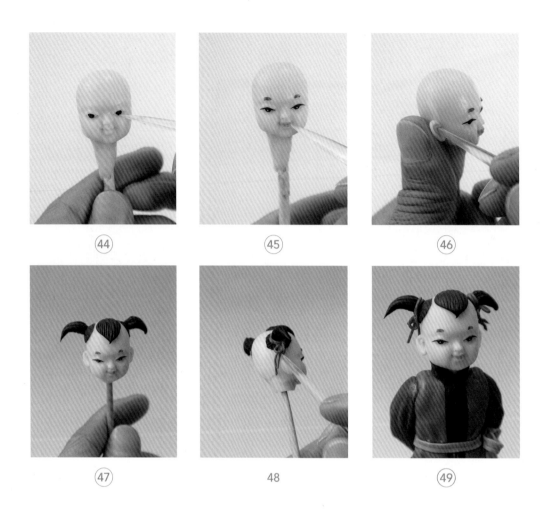

<table>
<tr><td>(44)</td><td>(45)</td><td>(46)</td></tr>
<tr><td>(47)</td><td>48</td><td>(49)</td></tr>
</table>

44. 用开眼刀开出眼角，用白色面做出眼白（搋成橄榄核状），用黑色面做出眼珠。

45. 用黑色面做出睫毛，用白色面做出眼睛的光点，用黑色面做出眉毛，用红色面做出嘴唇。

46. 用肤色面做出耳朵的大体形状，用塑刀压出耳轮、耳蜗。

47. 用黑色面做出头发，用塑刀切出发丝，用黑色面做出冲天辫。

48. 用红色面做出头绳。

49. 将做好的头安在身体上，调整形状，用黑色面做出衣领。

50. 将做好的母亲、孩子放到底座上即可。

(50)

⑤ 昭君

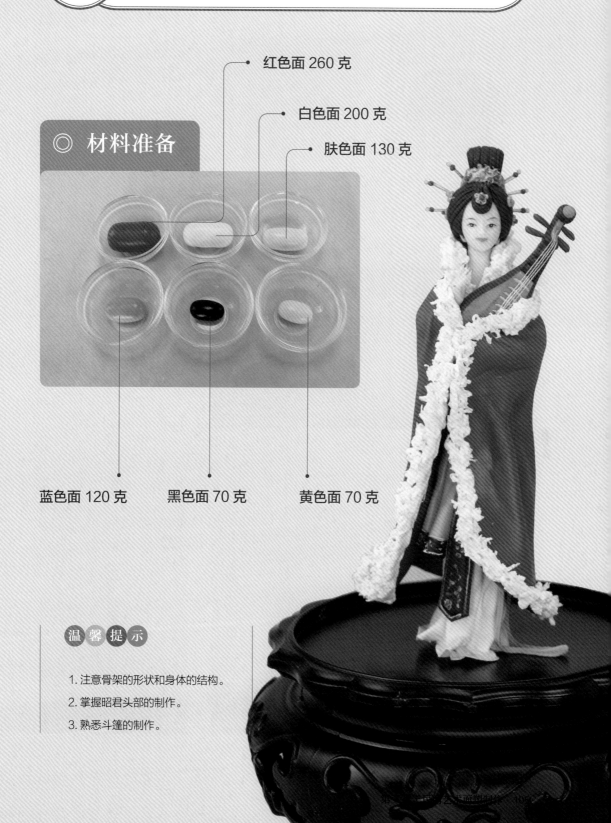

◎ **材料准备**

红色面 260 克

白色面 200 克

肤色面 130 克

蓝色面 120 克　　黑色面 70 克　　黄色面 70 克

温馨提示

1. 注意骨架的形状和身体的结构。
2. 掌握昭君头部的制作。
3. 熟悉斗篷的制作。

★ 制作步骤

①

②

③

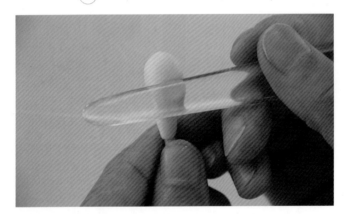

1. 用铁丝做出骨架。

2. 用肤色面做出头的大体
形状（上宽下窄的瓜子脸）。

3. 用塑刀压出眼窝的位置。

4. 用塑刀挤出鼻梁。

5. 用塑刀确定鼻子的形状
和长短，挑出鼻孔。

6. 用开眼刀切出口缝。

④

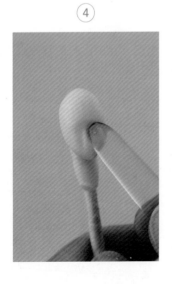

⑤

⑥

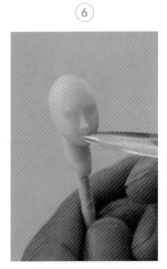

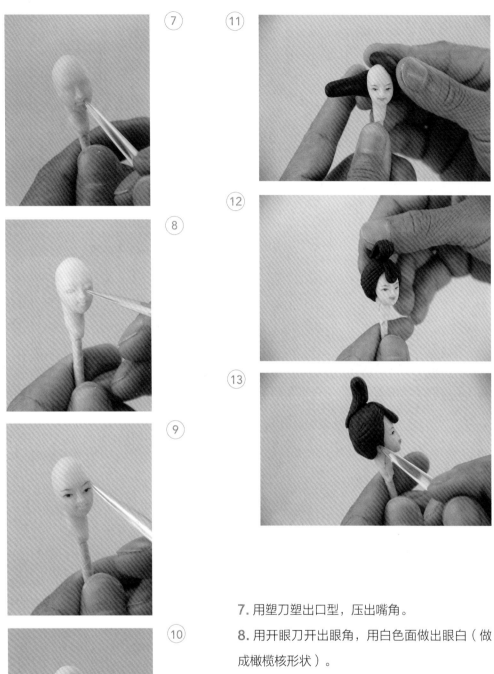

7. 用塑刀塑出口型，压出嘴角。

8. 用开眼刀开出眼角，用白色面做出眼白（做成橄榄核形状）。

9. 用黑色面做出眼珠、睫毛，用淡黑色面搓成细丝，做成眉毛。

10. 用白色面做出眼睛光点，用红色面做出嘴唇。

11. 用黑色面做出头发。

12. 用塑刀切出发丝，用黑色面做出刘海、发簪。

13. 用肤色面做出耳朵。

(14)

(15)

(16)

(17)

(18)

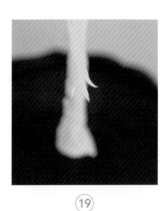

(19)

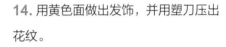

(20)

(21)

14. 用黄色面做出发饰，并用塑刀压出花纹。

15. 用毛笔刷上金色染料，取红、蓝色面揉成小球，做成珠宝，粘在发饰上。

16. 将做好的头安在骨架上，用肤色面做出身体。

17. 用肤色面捏出手的大体形状。

18. 用剪刀剪出大拇指，用剪刀剪出四指，调整手的大体形状。

19. 用红色面做出指甲，将做好的手安在胳膊上。

20. 将白色面擀成薄片，粘在腿部，做出土裙，用塑刀塑出衣褶。

21. 用粉色面擀成薄片，做出上衣的大体形状。

(22)

(23)

22. 用蓝色面擀成薄片，用黑色面做出裙边，将做好的薄片粘在土裙外侧，做成腰裙，用塑刀压出衣褶。

23. 用白色面、蓝色面做成衣领，用白色面做出裙腰。

24. 用红色面做出腰带，用黑色面做出大带。

25. 做出琵琶的大体形状。

26. 做出琴轴安在琵琶上，取黄色面搓成细条，做成琵琶的品，取白色面搓成如细丝的长条，做成琵琶的弦。

27. 将做好的琵琶放在昭君怀中。

28. 取红色面擀成薄片，做成斗篷的大体形状，用塑刀压出衣褶。

29. 用白色面擀成薄片，用塑刀刮出绒毛边，将做好的绒毛边安在斗篷上。

(24)

(25)

(26)

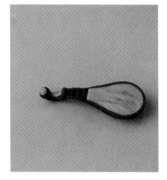

(27)

(28)

(29)

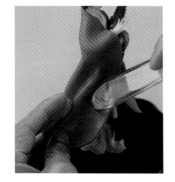

㉚ ㉛ ㉜

30. 用毛笔取金色染料在大带上画出图案，用橙色面揉成长条，做成小带。

31. 用黄色面做成发簪。

32. 取红、蓝、绿色面揉成小球，做成珠子，粘在发簪上。

33. 将做好的昭君放到底座上即可。

㉝

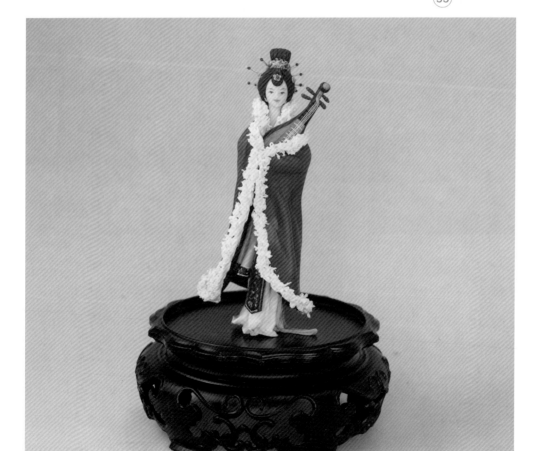

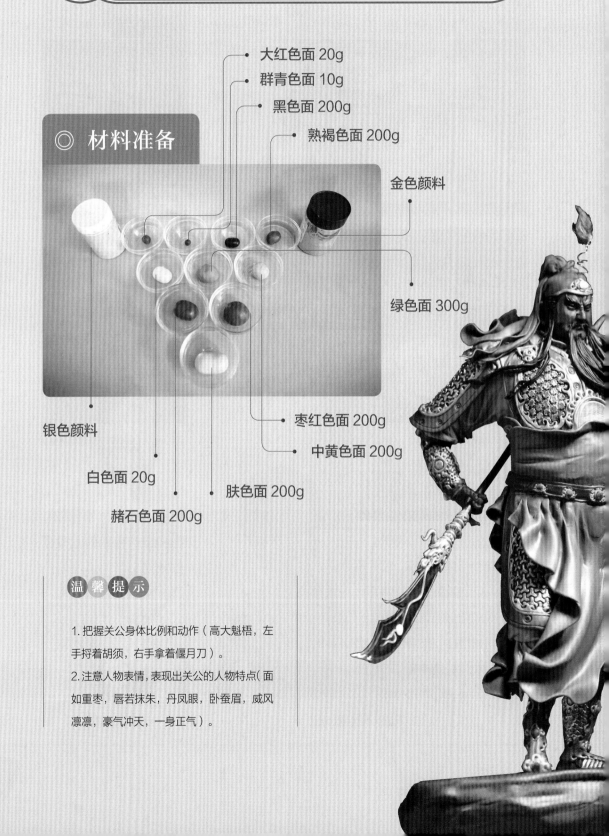

6 关公

◎ 材料准备

大红色面 20g

群青色面 10g

黑色面 200g

熟褐色面 200g

金色颜料

绿色面 300g

枣红色面 200g

中黄色面 200g

肤色面 200g

银色颜料

白色面 20g

赭石色面 200g

温馨提示

1.把握关公身体比例和动作（高大魁梧，左手捋着胡须，右手拿着偃月刀）。

2.注意人物表情，表现出关公的人物特点（面如重枣，唇若抹朱，丹凤眼，卧蚕眉，威风凛凛，豪气冲天，一身正气）。

★ 制作步骤

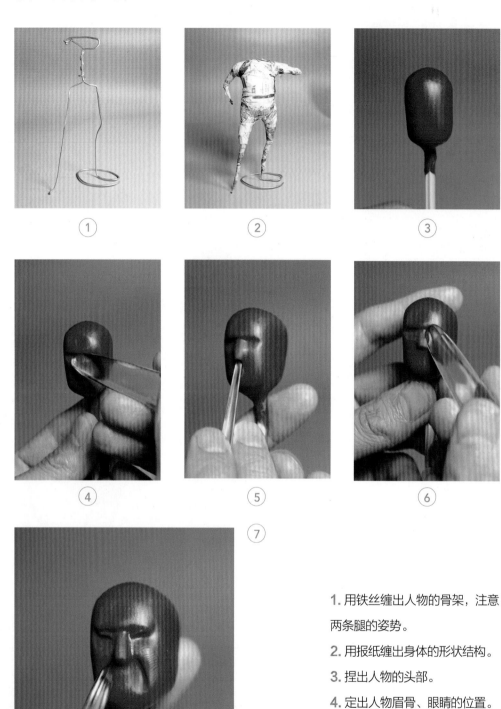

1. 用铁丝缠出人物的骨架，注意两条腿的姿势。

2. 用报纸缠出身体的形状结构。

3. 捏出人物的头部。

4. 定出人物眉骨、眼睛的位置。

5. 挑出人物的鼻子。

6. 压出人物的眼部结构。

7. 推出人物脸颊两侧结构。

⑧ ⑨

8. 推出人物嘴部结构，注意表情的体现。

9. 压出人物眉骨的结构，推出眉心。

10. 装白眼珠，镶眼线，装黑眼球。

11. 推出人物脸部与下眼睑结构。

12. 镶上人物的嘴唇。

13. 装上人物的眉毛，注意表情的体现。

14. 做出人物的头巾，压出头巾的结构。

15. 将人物的头部安装到骨架上，压出颈部结构。

⑩ ⑪ ⑫

⑬ ⑭ ⑮

16. 将人物的右手装上，做出握刀的姿势。

17. 将人物的左手装上，做出捋胡须的姿势。

18. 做出人物护臂结构。

19. 护臂细镶边、挑花。

20. 做出人物上臂的衣服，折出衣褶。

21. 压出人物衣服的结构。

22. 做出人物肩部盔甲部分。

23. 做出盔甲上的肩吞。

24. 用模具压出人物胸部的盔甲，贴到胸
部位置。

25. 用工具挑出胸部盔甲的细节。

26. 给人物背部贴上盔甲。

27. 装上人物的肩带。

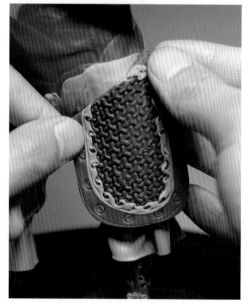

28. 做出人物胸前护心镜。

29. 捏出人物的脚。

30. 将捏好的脚装到骨架上。

31. 在人物的小腿部贴上盔甲片。

32. 给人物脚部贴上战靴护面。

33. 给人物的腿部盔甲镶边、挑花。

34. 折出人物腿部裤边。

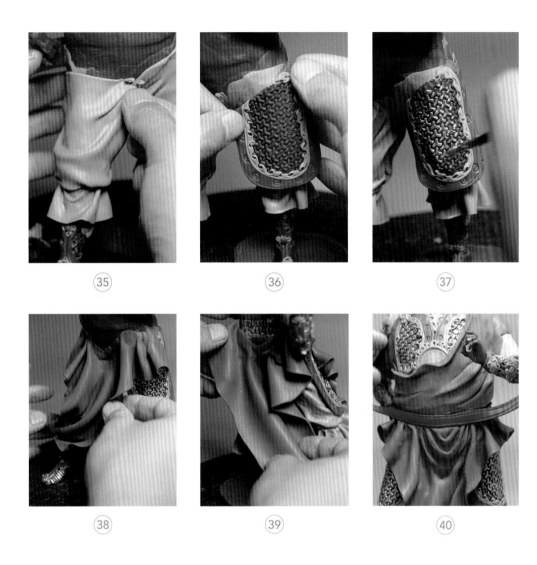

③35　　　　　　　　　　③36　　　　　　　　　　③37

③38　　　　　　　　　　③39　　　　　　　　　　④40

④41

35. 折出人物大腿部的衣褶，压出腿部衣褶结构。

36. 做出人物腿部裙甲，贴上。

37. 给裙甲刷上银色。

38. 折出战袍前下摆衣褶，注意战袍的动态变化。

39. 做出人物后部战袍的下摆。

40. 做出人物上身的袍子，装上腰带。

41. 折出人物战袍宽袖的衣褶。

㊷   ㊸   ㊹

㊺   ㊻   ㊼

㊽

42. 给人物装上胡须，注意
胡须的层次质感。

43. 折出人物帽子的搭巾，
压出结构。

44. 给人物帽子的前沿装
上红缨。

45. 成品局部图。

46. 做出偃月刀刀面，塑
出刀部结构。

47. 在偃月刀的刀口刷上银
色。

48. 成品造型。

7 弥勒佛

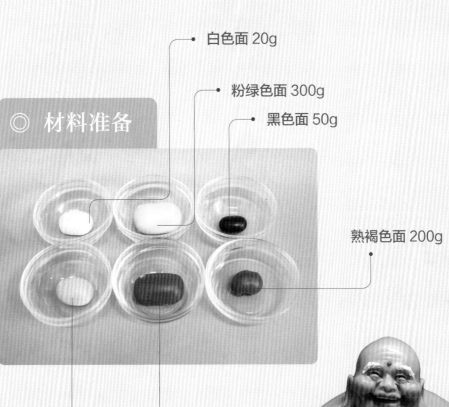

白色面 20g

粉绿色面 300g

黑色面 50g

◎ 材料准备

熟褐色面 200g

肤色面 200g   大红色面 20g

温 馨 提 示

1. 把握人物身体比例和坐姿，突出表现弥勒佛的大肚子。

2. 注意把人物慈祥和开怀大笑的表情形态展现出来。

3. 注意衣褶的处理，要突出衣服的宽松。

★ 制作步骤

① ② ③ ④ ⑤ ⑥ ⑦

1. 用铁丝和报纸缠出石头的骨架。

2. 用黑色、熟褐色、赭石色面团揉出石头的纹理并擀平。

3. 用面片包裹骨架，塑出石头的结构。

4. 塑出人物的头部。

5. 定出人物的眉骨和眼睛的位置。

6. 压出人物眼睛的结构。

7. 推出人物的鼻子。

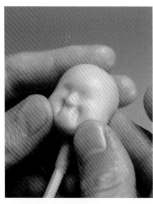

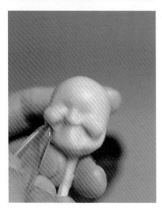

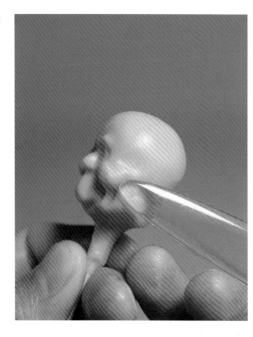

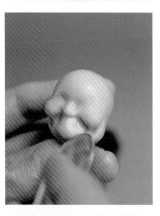

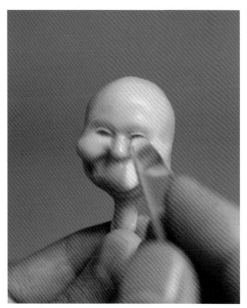

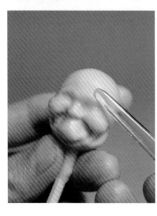

8. 用手推出人物脸颊肌肉结构。

9. 推出人物脸颊两侧的皱纹。

10. 压出人物双下巴结构。

11. 压出人物眉骨和太阳穴结构。

12. 压出人物颧骨结构。

13. 开出上眼线，推出上眼皮，压出眼窝。

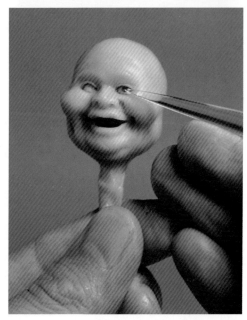

14. 塑出人物鼻形，挑出鼻孔。

15. 推出人物上嘴唇结构。

16. 将人物下嘴唇挑开，表现出张嘴微笑。

17. 将白眼珠装入眼窝。

18. 给人物镶上眼线。

19. 给人物装上黑眼珠。

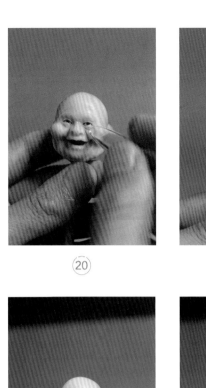
⑳

㉑

㉒

㉓

㉔

㉕

㉖

20. 推出人物的下眼睑结构。

21. 镶上人物的嘴唇，注意嘴部的结构。

22. 装上人物的牙齿。

23. 装上人物的眉毛。

24. 给人物额头装上红点。

25. 用铁丝和报纸缠出人物身体骨架。

26. 塑出人物上身结构。

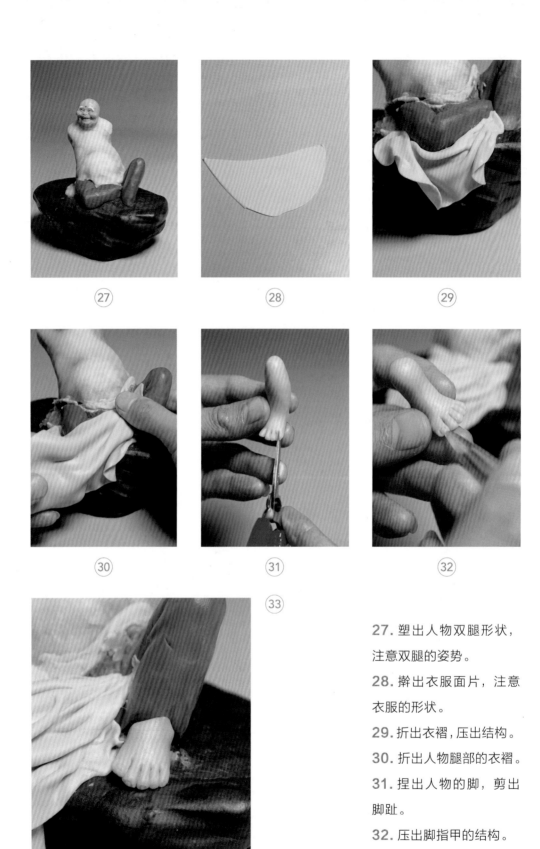

27. 塑出人物双腿形状，注意双腿的姿势。

28. 擀出衣服面片，注意衣服的形状。

29. 折出衣褶，压出结构。

30. 折出人物腿部的衣褶。

31. 捏出人物的脚，剪出脚趾。

32. 压出脚指甲的结构。

33. 将做好的脚装上。

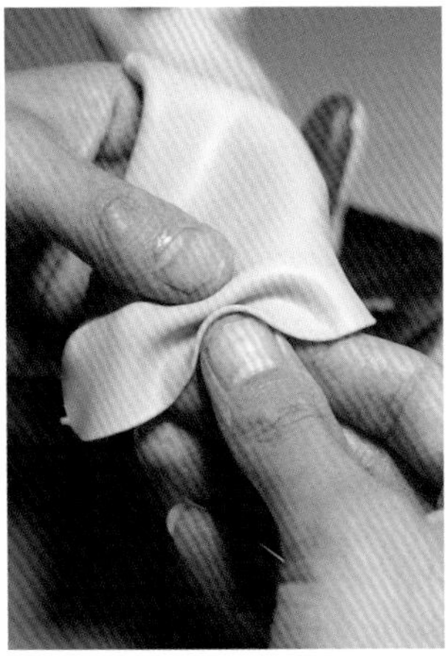

34

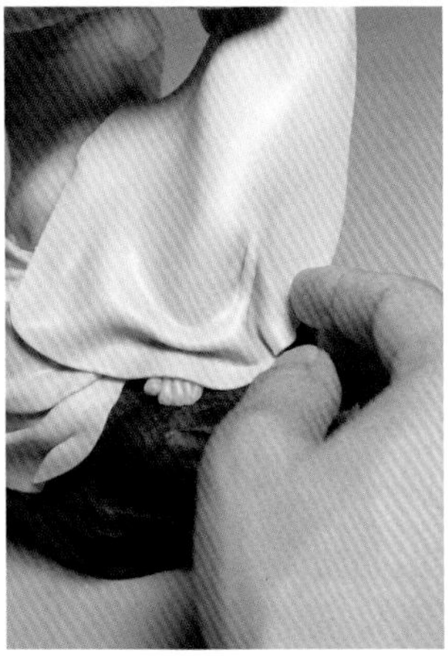

35

34. 折出人物裤边衣褶结构。

35. 将折好衣褶的衣服面片贴上。

36. 用工具压出人物腿部衣褶的结构，注意身体和衣服的关系。

37. 塑出人物的肚皮部分。

38. 用工具戳出人物的肚脐。

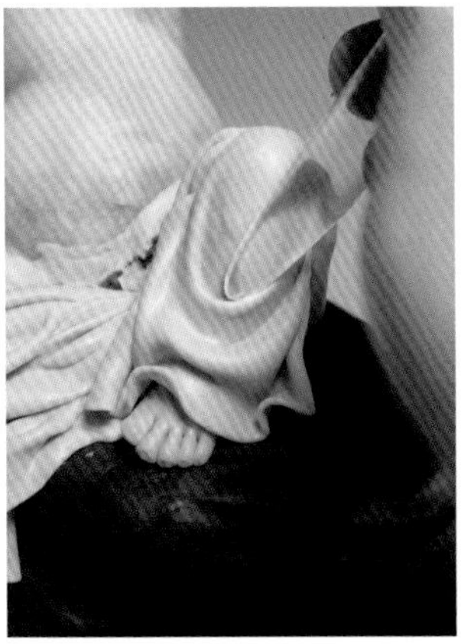

36

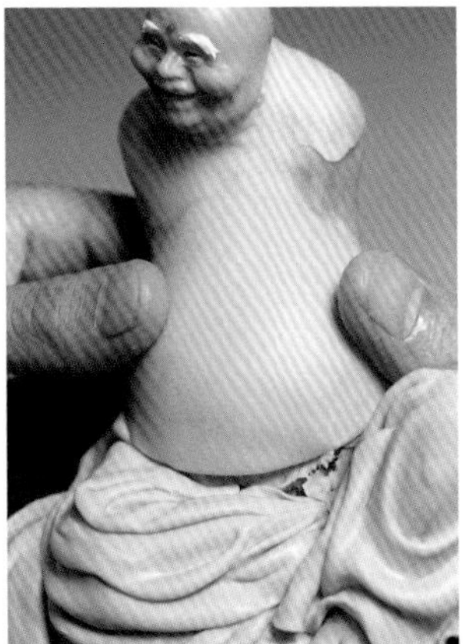

37

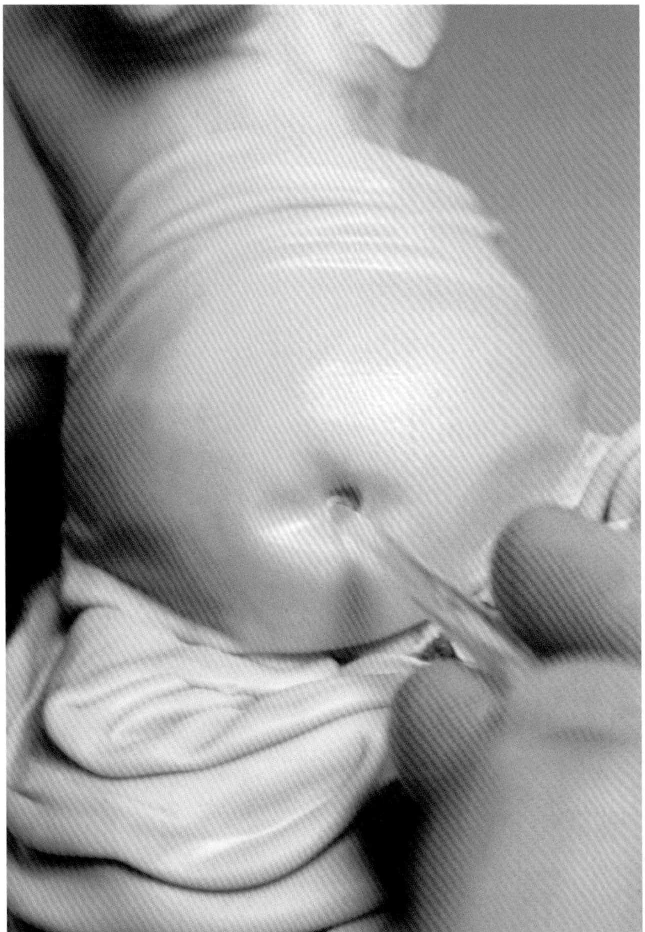

38

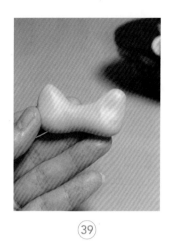

(39)　(40)　(41)

39. 塑出人物的肩和背部结构。

40. 捏出人物的胸脯结构。

41. 将捏好的胸脯装到上身位置。

42. 压出人物的颈部结构，塑出胸部的肌肉感。

43. 给人物装上耳朵，压出耳朵的结构。

44. 做出人物上身衣服的衣边。

45. 塑出布袋。

46. 压出布袋结构，折出袋口。

(42)　(43)

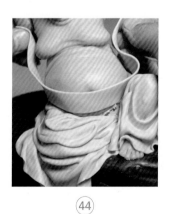
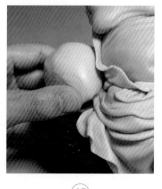

(44)　(45)　(46)

(47)

(48)

(49)

47. 塑出人物手的形状，剪出手指。

48. 将人物的右手臂装上。

49. 将人物的左手臂装上，压出手臂结构。

50. 折出人物肩部的衣褶，从腋下位置装入。

51. 注意人物背部衣褶。

52. 折出人物长袖衣褶，注意衣服走向。

53. 折出人物左手臂袖子衣褶，压出衣褶。

54. 做出人物后背的衣褶。

(50)

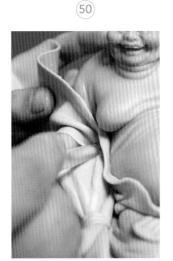

(51)

(52)

(53)

(54)

⑤⑤   ⑤⑥   ⑤⑦

55. 点出人物的乳头结构。

56. 做出人物腰部的飘带。

57. 给人物装上佛珠。

58. 成品。

⑤⑧

8 自在观音

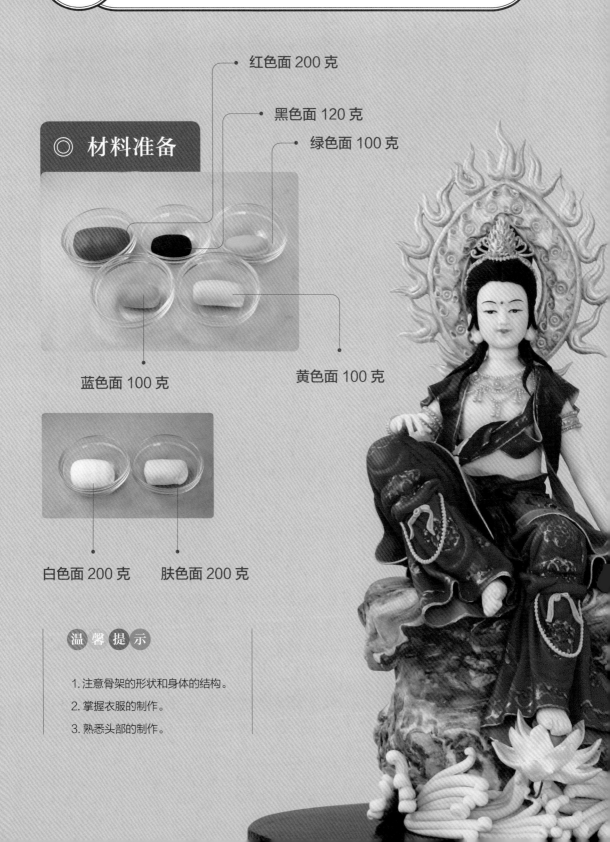

红色面 200 克

黑色面 120 克

绿色面 100 克

◎ 材料准备

蓝色面 100 克

黄色面 100 克

白色面 200 克　　肤色面 200 克

温 馨 提 示

1. 注意骨架的形状和身体的结构。

2. 掌握衣服的制作。

3. 熟悉头部的制作。

★ 制作步骤

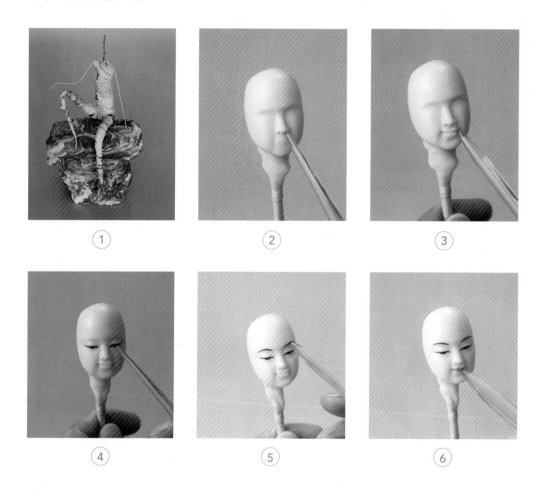

① ② ③
④ ⑤ ⑥
⑦

1. 用泡沫做出底座的大体形状，用黑、白色面混合不均匀，包裹在底座上，用铁丝制作出骨架，在骨架上缠上报纸。

2. 用肤色面捏出头的大体形状，用塑刀压出眼窝，用塑刀挤出鼻梁，确定鼻子的长短，挑出鼻孔。

3. 用塑刀切出口缝，压出人中，塑出口型，压出嘴角。

4. 用塑刀塑出眼包，用开眼刀开出眼角，用白色面做出眼白（擀成橄榄核状），用黑色面做出睫毛、眼珠。

5. 用白色面做出眼睛的光点，用黑色面做出眉毛。

6. 用红色面做出嘴唇。

7. 用黑色面做出头发，用塑刀切出发丝。

⑧

⑨

⑩

⑪

⑫

⑬

⑭

⑮

⑯

8. 用黑色面做出发髻。

9. 用肤色面做出耳朵，用塑刀压出耳轮、耳蜗。

10. 用黑色面做出鬓角，用红色面涂上腮红。

11. 用红色面做出额头的眉心，用黄色面做出发饰，用毛笔涂上金色颜料。

12. 用肤色面做出身体，将做好的头安在身体上。

13. 用肤色面捏出手的大体形状，用剪刀剪出五指。

14. 用塑刀压出手心、指纹、指甲，调整手的形状，将做好的手安在胳膊上。

15. 用肤色面捏出脚的大体形状，用塑刀压出脚趾的大体形状。

16. 用塑刀切出脚趾、指甲。

⑰　　　　　⑱　　　　　⑲

⑳　　　　　㉑　　　　　㉒

㉓

㉔

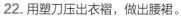

㉕

17. 用黄色面做出胳膊的装饰和项链，并用毛笔涂上金色燃料。

18. 用红色面和绿色面叠合，擀成薄片，粘在腿部，做出裤子的大体形状。

19. 用塑刀压出膝盖处的褶皱，裤子正面衣褶。

20. 用塑刀压出侧面的褶皱。

21. 用青色面擀成 U 形状，用蓝色面做衣边，用橘黄色面做衣里，粘在腰部。

22. 用塑刀压出衣褶，做出腰裙。

23. 取同样面片，做出围腰，并用塑刀压出褶皱，用红色面做出腰带。

24. 用红色面做出上身的衣服，用红色面擀成长条状，挂在身上，调整出形状。

25. 用毛笔画出身上的图案。

26. 用黄色面做出装饰，用红色面做出腰带的打结处。

27. 用黑色面做出头发。

28. 用橘黄色面擀成椭圆状，用塑刀勾出花纹，压出纹路，做出佛光的大体形状，用毛笔将佛光涂上金色燃料，将做好的佛光安在自在观音身后。

29. 用蓝色面和白色面揉成过渡色，搓成一端尖的长条，用塑刀压出纹路，用剪刀安照纹路剪开，用手调整出形状，将做好的浪花安在底座处，做出荷花，安在自在观音的脚下。

30. 将做好的自在观音放到底座上。

9 财神

大红色面 300 克

白色面 200 克

蓝色面 100 克

操作视频

◎ 材料准备

黄色面 30 克 黑色面 30 克 绿色面 30 克

1. 注意骨架的形状和身体的结构。

2. 熟悉头部的制作。

3. 掌握财神脸部的制作。

★ 制作步骤

①

②

③

④

⑤

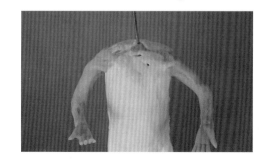

⑥

⑦

1. 用铁丝做出骨架，在骨架上缠上报纸，把缠好的骨架上包一层面。

2. 用白色面做出下衣。

3. 用面塑压出衣纹。

4. 用蓝色面做出鞋子，用黄色面做出鞋边，用白色面做出鞋底。

5. 用肉色面捏出手的大体形状，用剪刀剪出五指。

6. 用塑刀调整手的形状。

7. 将做好的手安在胳膊上。

⑧ ⑨ ⑩

⑪ ⑫

⑬

⑭

8. 用红色面做成大片，做出前身的形状，用蓝色面做出袍子的花纹，用黄色面做出太阳。

9. 用红色面做成大片，做出后身的形状，用蓝色面和白色面混合，做出袍子的花纹。

10. 用塑刀在腰带的位置压出槽，压出衣褶，用蓝色面做成腰带。

11. 在胸口用黄色的面做成龙的形状，用黄色面做成云朵大体形状，用塑刀塑出花纹。

12. 用红色面压成大片，做出袍袖，安在胳膊上，用塑刀压出衣褶。

13. 用蓝色面和黄色面做出袖口。

14. 用蓝色面做出衣领，用黄色面做出领边。

⑮

⑯

⑰

15. 取肤色面做成头的大体形状，用塑刀压出眼窝的位置，挤出鼻梁，压出眼包。

16. 用塑刀确定鼻子的形状和长短，用塑刀压出法令纹，挑出鼻孔。

17. 用开眼刀切出口缝，用塑刀塑出嘴唇，压出嘴角。

18. 用塑刀塑出眼皮，用白色面做出眼白，用黑色面做成眼珠、睫毛。

19. 用黑色面做出眉毛。

20. 用黑色面做出眼珠上的光点。

21. 用红色面做成嘴唇。

22. 用塑刀压出酒窝，用黑色面做出胡子。

23. 用黑色面做出头发。

⑱

⑲

⑳

㉑

㉒

㉓

㉔

㉕

㉖

㉗

㉘

㉙

㉚

㉛

24. 用肤色面做成耳朵的形状，用塑刀压出耳窝和耳廓。

25. 用红色面做出帽子，用红色面揉成小球，粘在帽子上。

26. 用黄色面做出帽沿，安上小珠子，刷上金色颜料。

27. 做出帽翅，安在帽子后面。

28. 把做好的头安在身体上。

29. 用黑色面做出胡须和鬓角。

30. 用黄色面做出元宝的形状，用绿色面做出如意，把做好的元宝和如意放在财神手上。

31. 将做好的财神放到底座上。

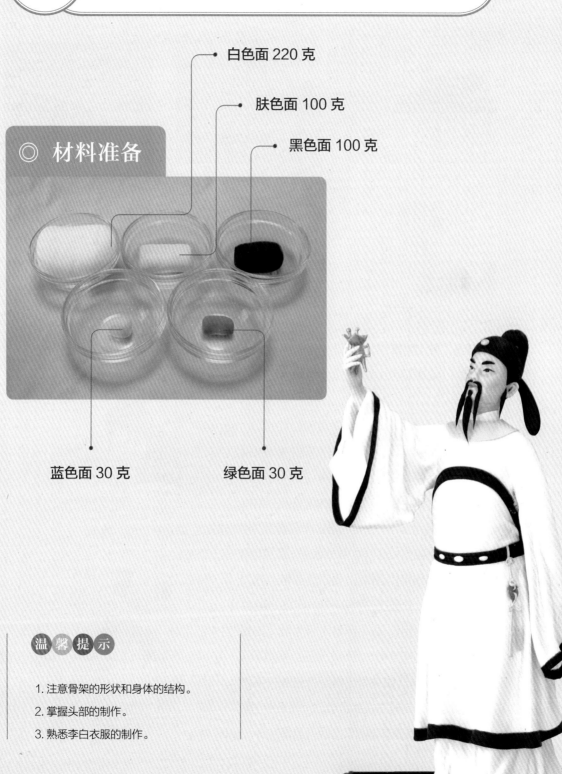

10 李白

◎ 材料准备

白色面 220 克

肤色面 100 克

黑色面 100 克

蓝色面 30 克

绿色面 30 克

温馨提示

1. 注意骨架的形状和身体的结构。
2. 掌握头部的制作。
3. 熟悉李白衣服的制作。

★ 制作步骤

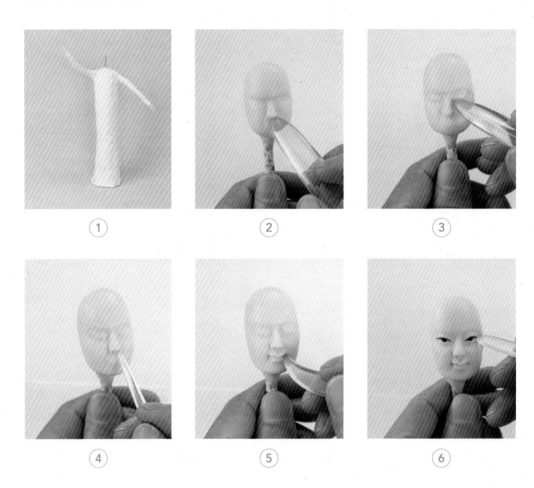

1. 用铁丝制作出骨架，在骨架上缠上报纸，在缠好报纸的骨架上裹一层面。

2. 用肤色面捏出头的大体形状，用塑刀压出眼窝，用塑刀挤出鼻梁，确定鼻子的长短。

3. 用塑刀压出眼睛。

4. 用塑刀挑出鼻孔。

5. 用塑刀切出口缝，压出人中，塑出口型，压出嘴角。

6. 用开眼刀开出眼角，用白色面做出眼白（搓成橄榄核状），用黑色的面做出眼珠、睫毛，用塑刀压出下眼皮。

7. 用塑刀压出眉骨，用白色面做出眼睛的光点，用黑色面做出眉毛。

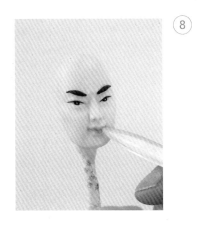

8. 用红色面做出嘴唇。

9. 用黑色面做出胡子。

10. 用黑色面做出头发，用肤色面做出耳朵的大体形状，用塑刀压出耳轮、耳蜗。

11. 用黑色面擀成厚片，粘在头部，用塑刀压出帽子的大体形状，做出帽子上镶的玉。

12. 用毛笔在脸上制作红晕，将做好的头安在身体。

13. 用肤色面捏出手的大体形状，用剪刀剪出五指。

14. 用塑刀压出手心和指纹，压出指甲和指关节。

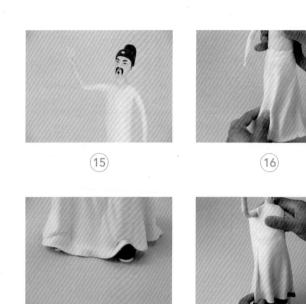

⑮

⑯

⑰

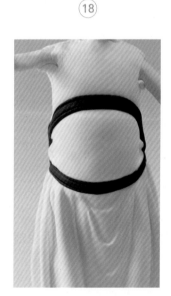

⑱

⑲

⑳

⑮

㉑

15. 将做好的手安在胳膊上。

16. 用白色面擀成椭圆形片状，粘在腰部，用手调整出褶皱。

17. 用塑刀压出衣褶，做出衣袍。

18. 用黑色面做出鞋子，用白色面做出鞋底。

19. 用白色面擀成梯形片状，用黑色面搓成长条，围在白色面片边缘，粘在身体上，用手调整出褶皱。

20. 用塑刀压出衣褶，做出外衣。

21. 用塑刀压出腰带的位置，用黑色面搓成长条，做成腰带。

22. 用白色面揉成椭圆状，粘在腰带上。

23. 用白色面擀成梯形片状，用黑色面搓成长条，围在白色面片边缘，粘在胳膊上，做成衣袖。

24. 用塑刀压出衣褶。

㉒

㉓

㉔

㉕

㉖

㉗

㉕

㉖

㉗

㉛

25. 用白色面搋成长条，做成衣领，用蓝色面做成圆护领，将圆护领安在脖子上。

26. 用黑色面做出帽翅，安在帽子后面。

27. 用黑色面做出胡子。

28. 用绿色面和白色面混合不均匀，做成玉佩，用蓝色面搓成长条，将玉佩佩戴在腰部。

29. 用白色面做出衣袖的内衬。

30. 制作出酒盅，放在李白的右手上。

31. 将做好的李白放到底座上。

11 杨贵妃

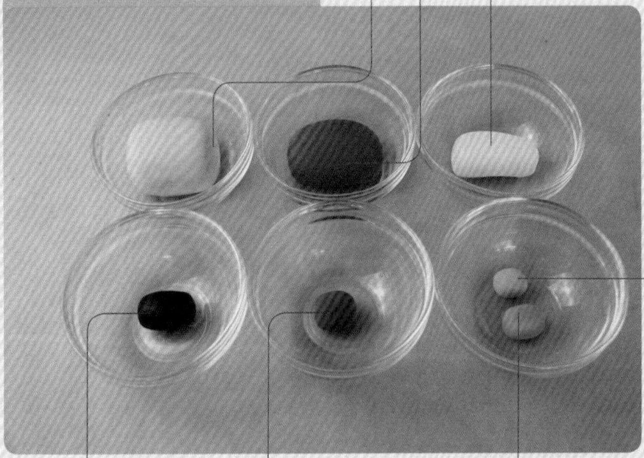

黄色面 200 克

红色面 200 克

肤色面 100 克

操作视频

◎ 材料准备

粉色面 20 克

黑色面 50 克　蓝色面 50 克　　绿色面 30 克

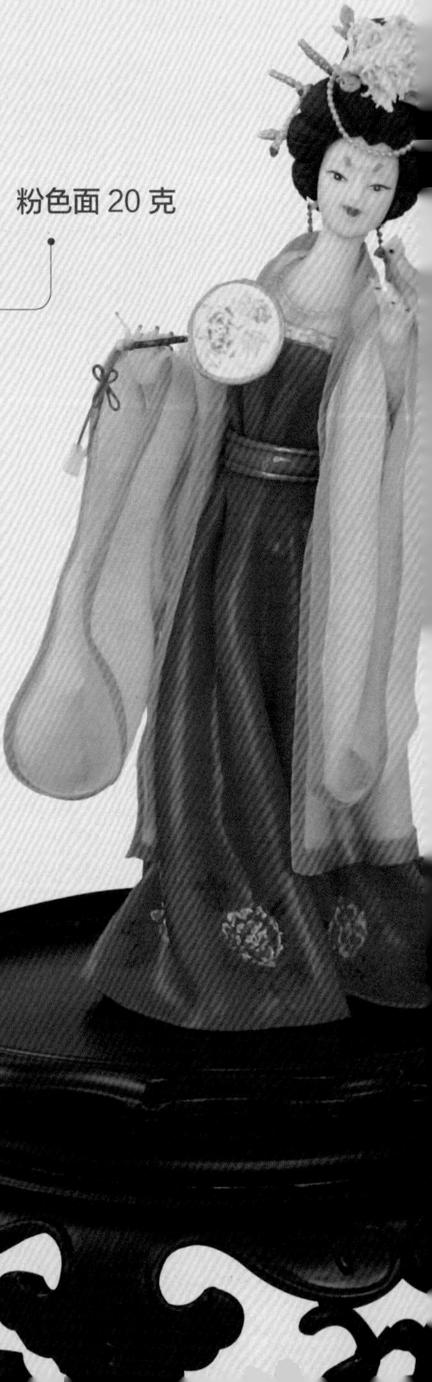

温馨提示

1. 注意骨架的形状和身体的结构。

2. 掌握头部的制作。

3. 熟悉杨贵妃脸部的制作。

★ 制作步骤

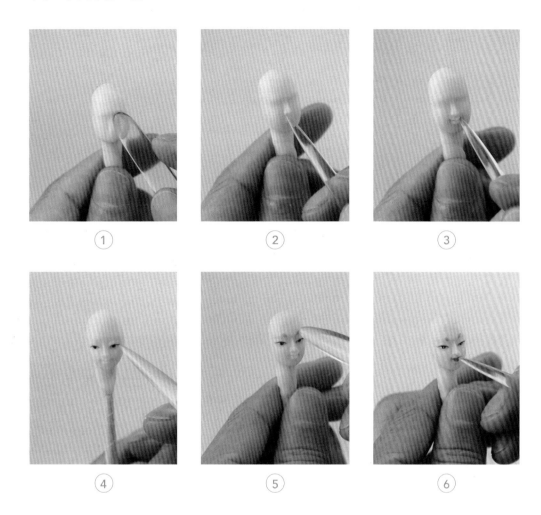

1. 用肤色面做出头的大体形状，用塑刀压出眼窝的位置，用塑刀挤出鼻梁。

2. 用塑刀确定鼻子的形状和长短，挑出鼻孔。

3. 用塑刀切出口缝，塑出口型，压出嘴角。

4. 用开眼刀开出眼角，用白色面做出眼白（做成橄榄核形状），用黑色面做出眼珠，用黑色面做出睫毛。

5. 用淡黑色面搓成细丝，做成眉毛，用白色面做出眼睛光点。

6. 用红色面做出嘴唇。

7. 用黑色面做出头发，用塑刀压出发丝。

(8)

(9)

(10)

(11)

(12)

(13)

8. 用黑色面做出发髻,用塑刀压出发丝,用肤色面做出耳朵。

9. 用粉色面擀成薄片,用塑刀刮出形状,塑出牡丹花,用绿色面塑出叶子,做出头饰。

10. 将黄色面用梳子压成串珠,做成发饰,用毛笔刷上金色染料,取红、蓝色面做成珠子,粘在发饰上。

11. 将做好的头安在骨架上,并用肤色面做出身体。

12. 用塑刀调整出胸的大体形状。

13. 用肤色面捏出手的大体形状,用剪刀剪出五指。

14. 用塑刀调整手的大体形状。

15. 将做好的手安在胳膊上。

16. 用红色面擀成长方片,边上压上白边,裹在上半身做成抹胸。

17. 用手调整出衣褶。

(14)

(15)

(16)

(17)

⑱

⑲

⑳

㉑

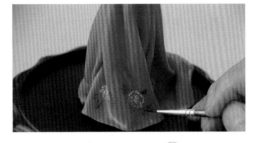
㉒

㉓

㉔

18. 用红色面擀成梯形状，做成土裙前片。

19. 用红色面擀成不规则五边形，做成土裙后片。

20. 用塑刀压出衣褶。

21. 用蓝色面搓成长条，粘在腰部，做成腰带。

22. 用毛笔在土裙上画出牡丹图案做装饰。

23. 用米黄色面擀成半椭圆形薄片，做成上衣。

24. 用塑刀压出衣褶。

25. 用黄色面搓成长条，用梳子压成串珠，做成项链。

㉕

㉖

㉗

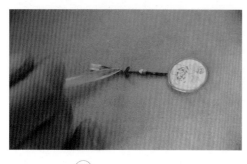

㉘

㉙

㉚

㉛

26. 用橙色面搓成长条，做成衣边，用红色面做成指甲，用塑刀粘上。

27. 用红色面搓成长条，用梳子压成串珠，做成耳坠。

28. 做出扇子的大体形状。

29. 做出喜鹊的大体形状。

30. 将做好的扇子、喜鹊安在贵妃的手上。

31. 将做好的杨贵妃放到底座上。

12 贾宝玉

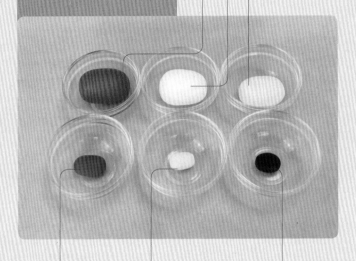

红色面 200 克

白色面 200 克

肤色面 150 克

◎ 材料准备

蓝色面 50 克　黄色面 30 克　黑色面 30 克

 温 馨 提 示

1. 注意骨架的形状和身体的结构。

2. 掌握头部的制作。

3. 熟悉贾宝玉衣服的制作。

★ 制作步骤

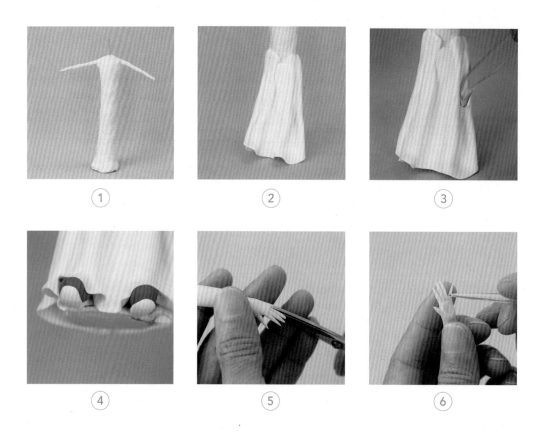

① ② ③

④ ⑤ ⑥

1. 用铁丝缠出骨架，骨架上包上报纸，在缠好报纸的骨架上包一层面。

2. 用白色面擀成长方片，粘在腿部，做出土裙。

3. 用塑刀压出衣褶。

4. 用蓝色面做出鞋子，用白色面做出鞋底。

5. 用肤色面捏出手的大体形状，用剪刀剪出五指。

6. 用塑刀压出指纹，用手调整形状。

7. 将做好的手安在胳膊上。

8. 用白色面擀成长方形厚片，粘在胳膊上，做出衣袖。

⑦

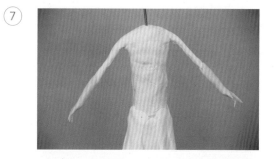

⑧

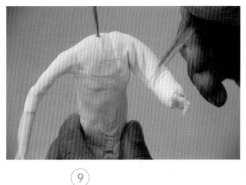

⑨　　　　　　　　　　⑩

9. 用塑刀压出衣褶。

10. 用红色面擀成长条，做出袖口，用蓝色面搓成细长条，做成袖口边。

11. 用肤色面捏出头的大体形状，用塑刀压出眼窝的位置，挤出鼻梁，确定鼻子的长短。

12. 用塑刀挑出鼻孔。

13. 用塑刀切出口缝，压出人中，塑出口型，压出嘴角。

14. 用开眼刀开出眼角，用白色面做出眼白（擀成橄榄核状），用黑色面做出眼珠、睫毛。

15. 用黑色面做出眉毛，用白色面做出眼睛的光点。

16. 用红色面做出嘴唇。

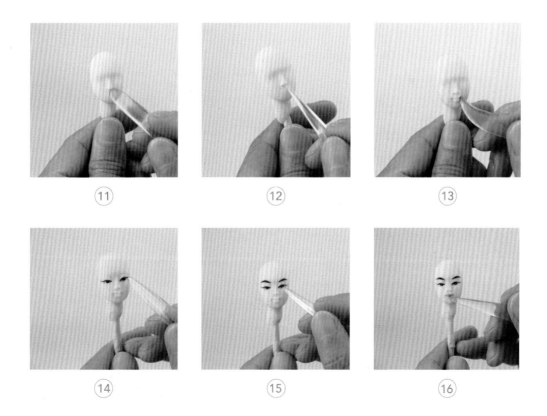

⑪　　　　　　　⑫　　　　　　　⑬

⑭　　　　　　　⑮　　　　　　　⑯

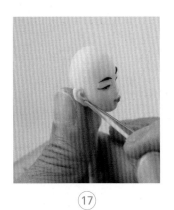
⑰

⑱

⑲

⑳

㉑

㉒

17. 用肤色面做出耳朵的大体形状，用塑刀压出耳轮耳蜗。

18. 用黑色面做出头发、刘海。

19. 用黄色面做出冠的内部，用蓝色面把边缘围起，用黄色面搓成细条，粘在边缘，做出发冠装饰。

20. 做出绒球，安在发冠前。

21. 将做好的头安在身体上。

㉓

22. 用红色面擀成薄片，裁成梯形状，粘在身体上，做出外衣。

23. 用手调整衣服的形状，用塑刀压出衣褶，将腰部压出收紧状。

㉔

24. 用棕色、黄色面搓成长条，将黄色长条粘在两侧，做成腰带，用黄色面做出腰带的装饰，用蓝色面做出腰带上的玉。

㉕

㉖

㉗

㉘

㉙

㉚

㉛

25. 用白色面做出白护领, 用红色面搓成长条, 做出圆领, 用黄色面粘在领子上。

26. 做出贾宝玉胸前佩戴的玉。

27. 用黄色面拉成绒丝状, 粘在衣服上, 做出衣服上的图案。

28. 做出身体前面的长发, 用红色面搓成细条, 做成系带。

29. 做出身体后面的长发。

30. 做出扇子, 安在贾宝玉的右手上。

31. 将做好的贾宝玉放到底座上。

13 林黛玉

◎ 材料准备

白色面 200 克

粉色面 200 克

肤色面 150 克

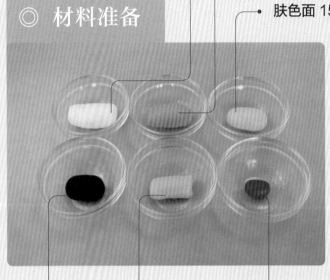

黑色面 150 克　浅蓝色面 150 克　红色面 60 克

温 馨 提 示

1. 认识林黛玉的基本外形特征。
2. 掌握林黛玉衣服的制作。
3. 熟悉头部的制作。

★ 制作步骤

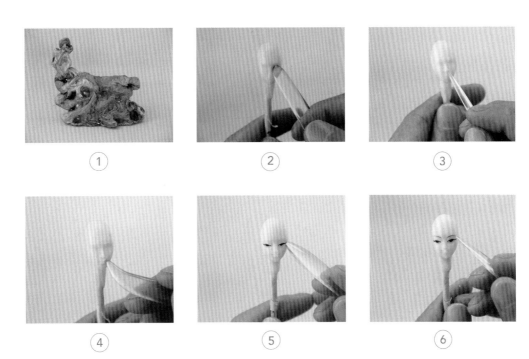

1. 用黑色、白色、蓝色面揉搓不均匀，制作出石头。

2. 用肤色面捏出头的大体形状，用塑刀压出眼窝的位置，挤出鼻梁。

3. 确定鼻子的长短，挑出鼻孔。

4. 用塑刀切出口缝，塑出口型，压出嘴角。

5. 用开眼刀开出眼角，用白色面做出眼白（搽成橄榄核状），用黑色面做出眼珠、睫毛。

6. 用白色面做出眼睛的光点，用黑色面做出眉毛。

7. 用红色面做出嘴唇。

8. 用黑色面做出头发，切出发丝。

9. 用肤色面做出耳朵。

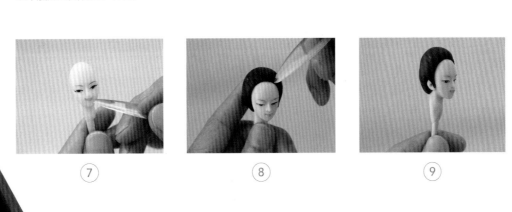

⑩

⑪

⑫

⑬

⑭

⑮

⑯

⑰

10. 用黑色面做出刘海，用黑色面搓成细条，切出发丝，将细条两端合起、重叠，粘在头部左侧，同样方法，粘在头顶右侧，做成发髻。

11. 用蓝色面、桃红色面搓成薄片，用塑刀刮出绒毛状，粘在头发上，做出发饰。

12. 将做好的头插在石头上，并用肤色面做出身体。

13. 用肤色面搓成圆长条，粘在腰部，做出双腿。

14. 用白色面擀成梯形薄片，粘在腿部。

15. 用塑刀调整出土裙的形状，压出衣褶。

16. 用粉色面擀成长方形薄片，红色面粘在边缘处，粘在胸前，做成内衣，用粉色面擀成梯形薄片，粘在上身。

17. 用手调整上衣的形状。

⑱

⑲

⑳

㉑

㉒

㉓

18. 用塑刀压出衣褶。

19. 用粉色面搓成两端稍尖
的长条，用手将边缘捏薄，
用塑刀将边缘压出褶皱，做
出衣袖。

20. 将衣袖安在身体上。

21. 用塑刀压出衣袖的褶皱。

22. 用肤色面捏出手的大体
形状，用剪刀剪出五指。

23. 用塑刀压出手心、指纹，
调整手指的位置。

24. 用红色面做出指甲。

25. 将做好的手安在身体上。

26. 用白色面擀成薄片，折
叠两次，再对折。

㉔

㉕

㉖

27. 安在袖口处。

28. 用淡紫色面搓成长薄片，做出衣领。

29. 用黑色面做出长发，用红色面做出头绳，用淡蓝色面搓成长薄片，用塑刀压出褶皱，安在身体上，做出大带。

30. 用蓝色面、白色面擀成大小一致的长方形，做出书籍的大体形状，用毛笔写上字迹，在表面写上"西厢记"，将做好的书籍放在黛玉手上。

31. 将做好的林黛玉放到底座上。

白色面 300 克

紫色面 200 克

◎ 材料准备

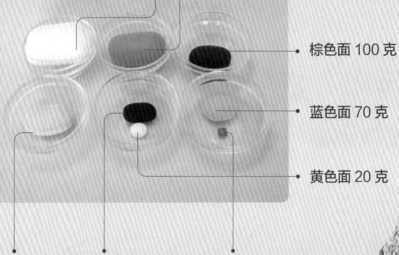

棕色面 100 克

蓝色面 70 克

黄色面 20 克

肤色面 100 克　黑色面 50 克　红色面 5 克

温馨提示

1. 认识诸葛亮的基本外形特征。

2. 掌握头部的制作。

3. 注意骨架的形状和身体的结构。

★ 制作步骤

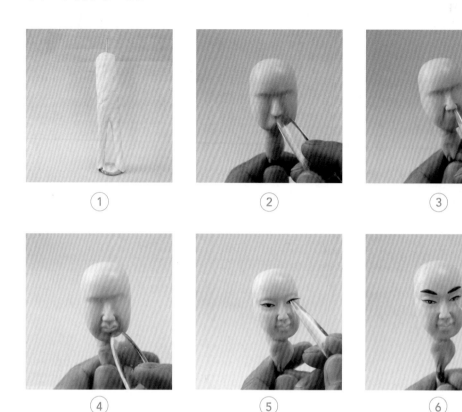

① ② ③

④ ⑤ ⑥

⑦

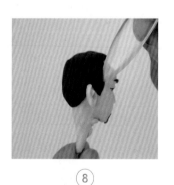

⑧

1. 用铁丝缠出骨架，骨架上包上报纸，在缠好报纸的骨架上裹一层面。

2. 用肤色面捏出头的大体形状，用塑刀压出眼窝的位置，挤出鼻梁，确定鼻子的长短。

3. 用塑刀压出法令纹，挑出鼻孔。

4. 用塑刀切出口缝，压出人中，塑出口型。

5. 用塑刀压出眼包，用开眼刀开出眼角，用白色面做出眼白（擀成橄榄核状），用黑色面做出睫毛。

6. 用黑色面做出眉毛，用白色面做出眼睛的光点。

7. 用红色面做出嘴唇，用黑色面做出胡子。

8. 用黑色面做出头发和鬓角，用塑刀压出发丝，用肤色面做出耳朵的大体形状，用塑刀压出耳轮、耳蜗。

9. 用棕色面做出帽子的大体形状，用塑刀压出纹路，用黄色面做出帽边，用蓝色面做出帽子上镶的玉。

10. 用红色面印出腮红。

11. 用白色面擀成大片，粘在腿部左侧，用塑刀压出衣褶，做出衣袍的左侧（同理做出衣袍的右侧）。

12. 用黑色面粘在脚的位置，用塑刀压出鞋的大体形状，用白色面做出鞋底。

13. 将做好的头安在身体上。

14. 用淡紫色面擀成大片，粘在腿部，用手压出褶皱，调整出内衣下身的形状。

15. 用淡紫色面擀成大片，粘在上身，做成上衣，用白色面做成内衣领。

16. 用黑色面搓成长条，压扁，做成衣襟。

17. 用白色面擀成长片状，粘在腰部，做成裙腰，用棕色面做出腰带。

⑱　⑲　⑳

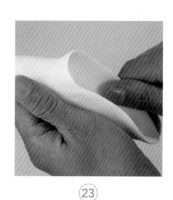

㉑　㉒　㉓

18. 用毛笔在衣襟上画上图案。

19. 用棕色面擀成长片，用塑刀切出形状，做出大带的形状，将做好的大带粘在正前方。

20. 用毛笔涂上金色染料。

21. 用白色面擀成大片（与人身等长），用蓝色面做衣边，粘在身体上，做出外衣。

22. 用手调整出外衣的形状。

23. 用白色面搓成长条，将一边边缘捏薄，做成衣袖。

24. 用蓝色面搓成长条，压扁，做成衣袖边，将做好的胳膊粘在身体上。

25. 用塑刀压出衣褶。

26. 同理，将左侧胳膊粘上，用塑刀压出衣褶，调整成背手状。

㉔

㉕

㉖

㉗

㉘

㉙

㉚

㉛

㉜

㉝

27. 用肤色面捏出手的大体
形状，用剪刀剪出五指。

28. 用塑刀压出手心、指纹，
用塑刀压出指关节和指甲。

29. 将做好的手安在胳膊
上。

30. 用紫色面做成内衣袖。

31. 用黑色面做出胡子。

32. 用棕色面做出腰带（多
余部分）。

㉞

33. 制作出羽毛扇的大体
形状，将羽毛粘在扇子上，
将制作好的羽毛扇粘在诸
葛亮的右手上。

34. 将做好的诸葛亮放到底
座上。

15 何仙姑

◎ 材料准备

肤色面 300 克

蓝色面 300 克

白色面 300 克

红色面 200 克　　绿色面 100 克　　橘黄色面 100 克

黑色面 100 克　　黄色面 50 克

紫色面 100 克

温 馨 提 示

1. 注意骨架的形状和身体的结构。

2. 掌握头部的制作。

3. 熟悉衣服的制作。

★ 制作步骤

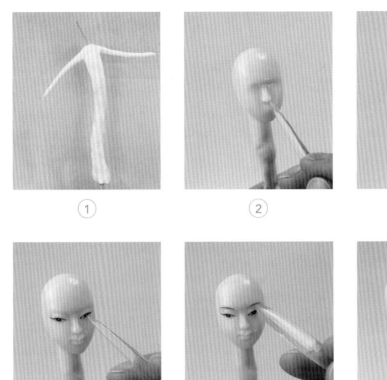

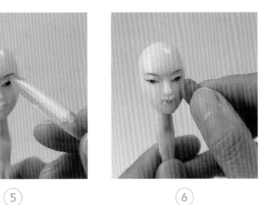

①   ②   ③

④   ⑤   ⑥

⑦

1. 用铁丝制作出骨架，在骨架上缠上报纸，在缠好报纸的骨架上裹一层面。

2. 用肤色面捏出头的大体形状，用塑刀压出眼窝，用塑刀挤出鼻梁，确定鼻子的长短，挑出鼻孔。

3. 用塑刀切出口缝，压出人中，塑出口型，压出嘴角。

4. 用开眼刀开出眼角，用白色面做出眼白（搓成橄榄核状），用黑色面做出睫毛、眼珠。

5. 用白色面做出眼睛的光点，用黑色面做出眉毛。

6. 用红色面做出嘴唇，用毛笔刷出紫色眼影，用红色面印出腮红。

7. 用黑色面做出头发，用塑刀切出发丝，用肤色面做出耳朵。

⑧

⑨

⑩

⑪

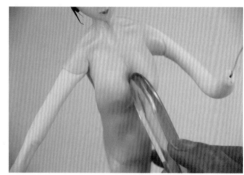
⑫
⑬

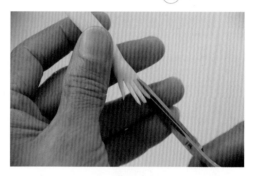
⑭

8. 用黑色面做出鬓角发丝，使其自然，用黑色面做出刘海。

9. 用黑色面做出发髻。

10. 用黄色面搓成羽毛状，用塑刀切出纹路，做出凤钗的尾部、头部、翅膀，用毛笔涂上金色，做出头部发饰。

11. 将做好的头安在身体上。

12. 用塑刀压出锁骨、塑出胸部。

13. 用肤色面捏出手的大体形状，用剪刀剪出五指。

14. 用塑刀压出手心、指纹，调整手的形状，用红色面做出指甲。

⑮

15. 将做好的手安在胳膊上，用红色面擀成片状，用蓝色面做衣边，粘在胸部上，做出内衣。

16. 用橘黄色面擀成片状，粘在上身，用手调整出上衣的形状。

17. 用塑刀压出背部的衣褶。

18. 用白色面擀成片状，粘在下身，做出土裙，用手调整出褶皱。

19. 用塑刀压出衣褶。

20. 用红色面擀成片状，用棕色面做衣边，粘在下身，做出衣裙。

21. 用白色面做出裙腰，用蓝色面做出腰带。

22. 用蓝色面做出大带的形状，粘在两腿中间位置。

⑯

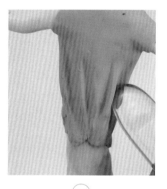

⑰

⑱

⑲

⑳

㉑

㉒

23. 用橘黄色面搋成片状，用棕色面做衣边，粘在胳膊上，做出衣袖，用手调整出褶皱，将袖口粘合。

24. 调整出衣袖侧面的褶皱，用塑刀压出衣褶。

25. 用白色面做出内衣领，用黑色面做出衣领。

26. 用淡绿色面做出小带。

27. 用白色面做出水袖。

28. 用毛笔在大带上画上图案，在衣领处画上图案。

29. 用淡绿色面做出小带的系扣。

③0

③1

③2

③3

30. 用紫色面做出飘带。

31. 用白色面做出荷花瓣，将边缘由深至浅涂上淡粉色，安在底部。

32. 做出荷花和荷叶，安在何仙姑的左手上，做出拂尘，安在何仙姑的右手上。

33. 将做好的荷仙姑放到底座上。

16 白娘子

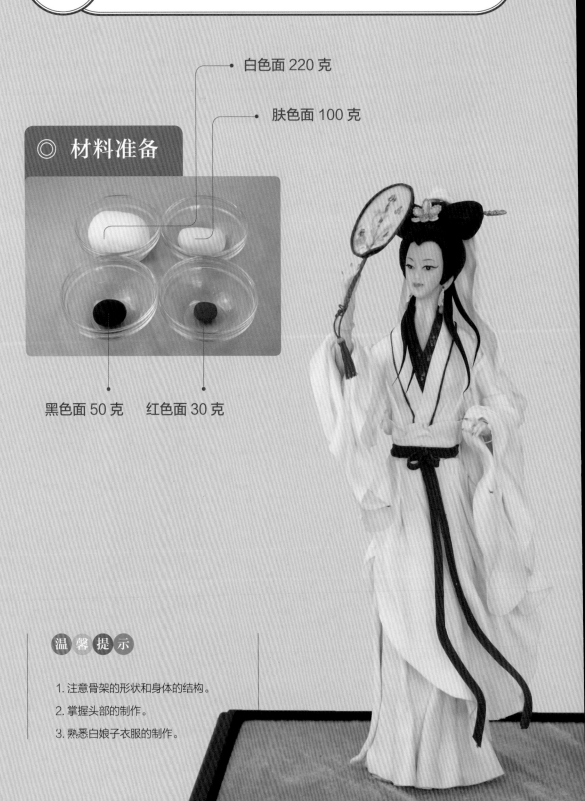

◎ **材料准备**

白色面 220 克

肤色面 100 克

黑色面 50 克   红色面 30 克

温 馨 提 示

1. 注意骨架的形状和身体的结构。

2. 掌握头部的制作。

3. 熟悉白娘子衣服的制作。

★ 制作步骤

①

②

③

④

⑤

⑥

⑦

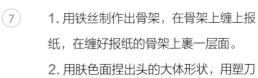

⑧

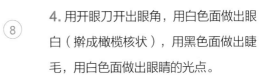

1. 用铁丝制作出骨架，在骨架上缠上报纸，在缠好报纸的骨架上裹一层面。

2. 用肤色面捏出头的大体形状，用塑刀压出眼窝，用塑刀挤出鼻梁，确定鼻子的长短，挑出鼻孔。

3. 用塑刀切出口缝，塑出口型，压出嘴角。

4. 用开眼刀开出眼角，用白色面做出眼白（搓成橄榄核状），用黑色面做出睫毛，用白色面做出眼睛的光点。

5. 用黑色面做出眉毛。

6. 用红色面做出嘴唇。

7. 用黑色面做出头发，用塑刀切出发丝。

8. 用肤色面做出耳朵。

⑨

⑩

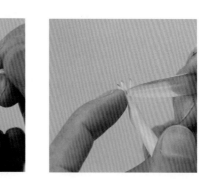
⑪

⑫

⑬

⑭

9. 用黑色面擀成两端稍尖的片状，用塑刀切出发丝，两端对折，粘在头发上，再取一片粘在中间，做出发髻。

10. 用黄色面做出发饰，将做好的头安在身体上，用肤色面做出身体。

11. 用塑刀压出锁骨、塑出胸部。

12. 用肤色面捏出手的大体形状，用剪刀剪出五指。

13. 用塑刀压出指纹，调整手的形状。

14. 用红色面做出指甲，将做好的手安在胳膊上。

15. 用棕色面擀成长条，做成内衣领，用毛笔画上图案。

16. 用白色面擀成薄片，用剪刀将薄片剪开，粘在上身，调整上衣的形状。

⑮

⑯

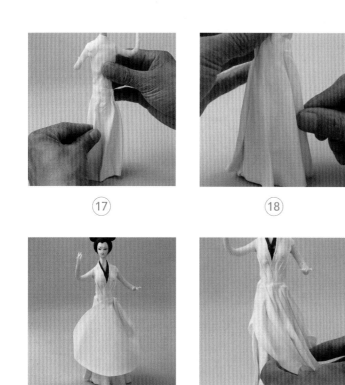

⑰　　　　　　　　⑱　　　　　　　　⑲

⑳　　　　　　　　㉑　　　　　　　　㉒

㉓

㉔

17. 用白色面擀成薄片，粘在身体后侧。

18. 用手调整出衣褶，做成土裙。

19. 用白色面擀成半圆形薄片，粘在腰部，用手调整出衣褶，做成腰裙的后片。

20. 用白色面擀成半圆形薄片，粘在腰部。

21. 用手调整出衣褶，做成腰裙的前片。

22. 用白色面擀成长方形薄片，粘在腰部，做成裙腰，用塑刀压出腰部位置，用棕色面擀成长条状，粘在腰部，做成腰带。

23. 用白色面擀成薄片，做成衣袖，调整出衣褶。

24. 做出头部装饰。

㉕

㉖

㉗

㉘

㉙

㉚

㉛

25. 用棕色面搓成长条，做成衣领边。

26. 用棕色面擀成长片，粘在腰部，做成腰带。

27. 做出耳坠，做出手镯。

28. 用黑色面做成长发。

29. 用白色面擀成薄片，压出褶皱，做成白沙。

30. 用铁丝围成椭圆形，将白色面擀成薄片，粘在铁丝上，用剪刀修形，制作出扇子，将做好的扇子放在白娘子右手上。

31. 将做好的白娘子放到底座上。

17 许仙

淡紫色面 220 克

肤色面 100 克

白色面 50 克

◎ 材料准备

黑色面 50 克   黄色面 30 克   红色面 5 克

温馨提示

1. 注意骨架的形状和身体的结构。

2. 掌握许仙衣服的制作。

3. 熟悉头部的制作。

★ 制作步骤

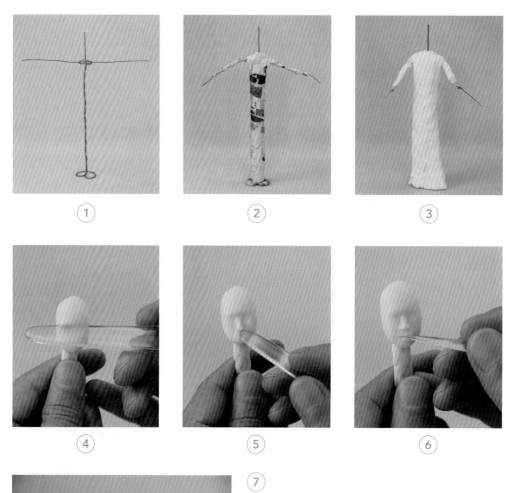

1. 用铁丝制作出骨架。

2. 在骨架上缠上报纸。

3. 在缠好报纸的骨架上裹一层面。

4. 用肤色面捏出头的大体形状，用塑刀压出眼窝。

5. 用塑刀挤出鼻梁，确定鼻子的长短。

6. 用塑刀挑出鼻孔，切出口缝。

7. 用塑刀压出人中、嘴角、塑出口型。

8. 用开眼刀开出眼角，用白色面做出眼白（擀成橄榄核状），用黑色面做出眼珠。

⑨

⑩

⑪

⑫

⑬

⑭

⑮

⑯

9. 用黑色面做出睫毛，用白色面做出眼睛的光点，用黑色面做出眉毛。

10. 用红色面做出嘴唇，用肤色面做出耳朵，用塑刀压出耳轮、耳蜗。

11. 用黑色面做出头发，做出鬓角，用塑刀切出发丝。

12. 用紫色面擀成半圆形片，粘在头部，用手捏出帽子的大体形状。

13. 用塑刀修形，将帽子刮出纹路。

14. 用塑刀压出帽檐，用白色面做出帽边镶上的玉。

15. 用黑色面搓成长条，做成帽边，用橘黄色面搓成长条，粘在帽子上，做出装饰。

16. 用肤色面捏出手的大体形状。

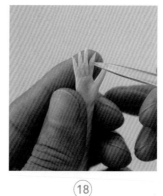

(17)　　　　　　(18)　　　　　　(19)

(20)　　　　　　(21)　　　　　　(22)

17. 用剪刀剪出大拇指，用剪刀再剪出四指，用塑刀压出手心。

18. 用塑刀压出指纹，调整手的形状。

19. 将做好的手安在胳膊上。

20. 用白色面做出鞋的大体形状，用黑色面做鞋面。

21. 用淡紫色面擀成梯形薄片，粘在身体后侧，用手调整衣服的形状，用塑刀压出衣褶。

22. 用淡紫色面擀成梯形薄片，粘在身体前侧，用手调整衣服的形状，用塑刀压出衣褶。

23. 用淡紫色面擀成薄片，粘在胳膊上，做出衣袖的大体形状，用手将袖口捏住，用塑刀压出衣褶。

24. 用白色面擀成长方形薄片，粘在衣袖边缘，将其折叠两次，做成袖口。

(23)

(24)

㉕

㉖

㉗

㉘

㉙

㉚

㉛

25. 用白色面擀成长条状，做成内衣领。

26. 用黑色面擀成长条状，做成衣领，在衣领上画上图案

27. 用棕色面擀成圆形薄片，做出伞布。

28. 用棕色面搓成长条状，粘在伞布上，做出伞的大体形状，用塑刀压出伞褶。

29. 用竹签做成伞骨。

30. 做出伞尾。

31. 将做好的伞放在许仙的左手上，将许仙放到底座上即可。

18 青蛇

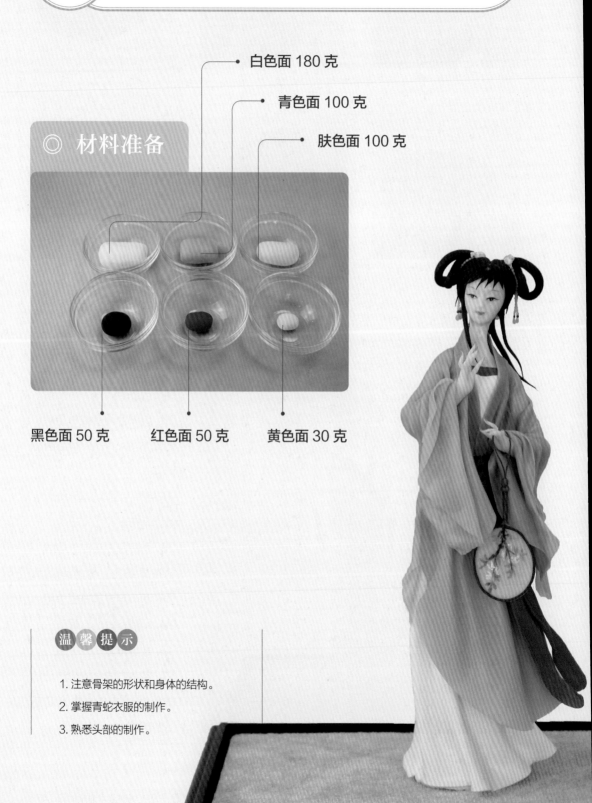

白色面 180 克

青色面 100 克

肤色面 100 克

◎ 材料准备

黑色面 50 克　　红色面 50 克　　黄色面 30 克

温 馨 提 示

1. 注意骨架的形状和身体的结构。

2. 掌握青蛇衣服的制作。

3. 熟悉头部的制作。

★ 制作步骤

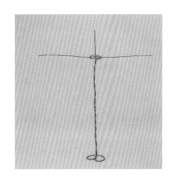

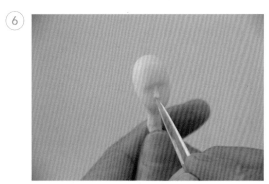

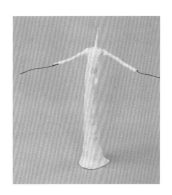

1. 用铁丝制作出骨架。

2. 在骨架上缠上报纸。

3. 在缠好报纸的骨架上裹一层面。

4. 用肤色面捏出头的大体形状。

5. 用塑刀压出眼窝,用塑刀挤出鼻梁。

6. 用塑刀确定鼻子的长短,用塑刀挑出鼻孔。

7. 用塑刀切出口缝,用塑刀压出人中。

⑧

⑨

⑩

⑪

⑫

⑬

⑭

8. 用塑刀塑出口型，用塑刀压出嘴角。

9. 用开眼刀开出眼角，用白色面做出眼白（搓成橄榄核状），用黑色面做出眼珠。

10. 用黑色面做出睫毛、眉毛，用白色面做出眼睛的光点。

11. 用红色面做出嘴唇，用毛笔蘸取少量红色染料，做出腮红。

12. 用黑色面做出头发，用塑刀切出发丝，用黑色面做出刘海。

13. 用肤色面做出耳朵。

14. 用黑色面搓成长条，用塑刀切出发丝，两端对折 2 次。

⑮ ⑯ ⑰

15. 粘在头部两侧，做出发髻。

16. 做出头部装饰，将做好的头安在身体上。

17. 用肤色面捏出手的大体形状。

18. 用剪刀剪出大拇指，用剪刀再剪出四指，用塑刀压出指纹，调整手的形状。

19. 用红色面做出指甲，将做好的手安在胳膊上。

20. 用肤色面做出身体，用塑刀压出锁骨，塑出胸部。

21. 用白色面擀成薄片，粘在腰部，用手调整土裙的形状，用塑刀压出衣褶。

⑱ ⑲

⑳ ㉑

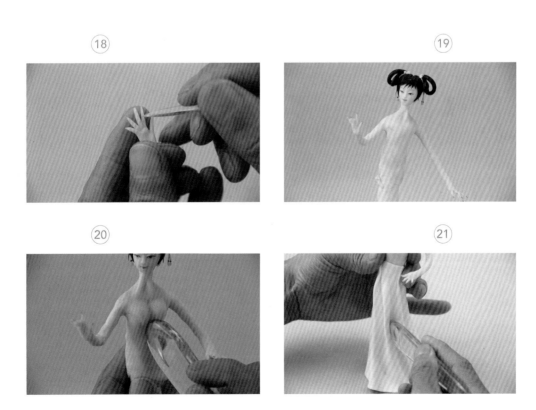

㉒

㉓

㉔

㉕

22. 用白色面搋成长薄片做成抹胸，用红色面搋成长条状做成抹胸边，粘在胸部，用塑刀压出衣褶。

23. 用青色面搋成长方形薄片，用剪刀剪出形状，粘在上身，用手调整出衣褶。

24. 用青色面搋成薄片，粘在腿部后侧，用手调整出衣褶。

25. 用塑刀压出腰部，用红色面搋成长条状，粘在腰部，做成腰带。

26. 用青色面搋成薄片，粘在胳膊上，做成衣袖，用手调整出形状。

27. 用塑刀压出衣褶。

28. 用青色面搋成薄片，粘在胳膊上，用手调整出衣褶。

㉖

㉗

㉘

㉙

㉚

㉛

㉜

㉝

㉞

29. 用浅蓝色面擀成长条，做成衣领。

30. 用黑色面做出长发，用红色面做出头绳。

31. 用红色面搓成长条，粘在腰部，做成腰带。

32. 用白色面擀成薄片，用铁丝围成圆形，粘在一起，用剪刀修形，做出扇子，用红色面、白色面、青色面做出扇子的装饰物。

33. 将做好的扇子放在青蛇的右手上。

34. 将做好的青蛇放到底座上即可。

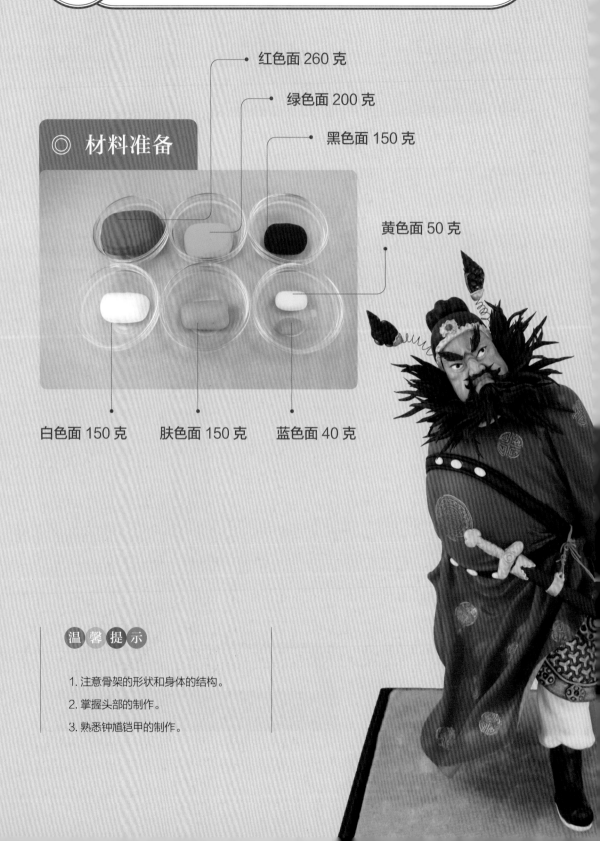

19 钟馗

◎ 材料准备

红色面 260 克

绿色面 200 克

黑色面 150 克

黄色面 50 克

白色面 150 克　　肤色面 150 克　　蓝色面 40 克

温 馨 提 示

1. 注意骨架的形状和身体的结构。

2. 掌握头部的制作。

3. 熟悉钟馗铠甲的制作。

★ 制作步骤

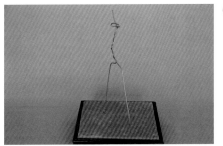

1. 用铁丝做出骨架。

2. 在骨架上缠上报纸（注意肚子的形状），在做好的骨架上裹上一层面。

3. 用黑色面做出靴子，用白色面做出鞋底。

4. 用白色面擀成薄片，贴在腿上，做成裤子（要松弛状态），用塑刀压出衣褶。

5. 用青色面擀成厚片，用铠甲模具压出腿部护甲，用青色面搓成长条粘在铠甲外侧，用青色面做出装饰，刷上金色染料。

6. 贴在大腿两侧。

7. 用塑刀压出衣褶用红色面擀成长方片，贴在后背上，做出衣袍的背面。

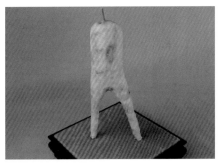

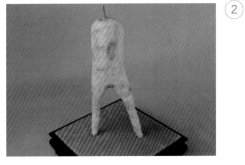

③

④

⑤

⑥

⑦

⑧

⑨

⑩

8. 用红色面、绿色面擀成薄片，贴在一起，边缘擀薄，贴在肚子部位。

9. 做出袍子的前帘，用塑刀压出衣褶。

10. 用红色面擀成大片，贴在前胸。

11. 用黑色面搓成长条，粘在腰部，做成腰带和胸带，用白色面揉成椭圆状，粘在腰带上。

12. 用红色面做成衣袖的表，用绿色面做成衣袖的里，将做好的衣袖粘在胳膊上。

13. 用塑刀压出衣褶。

14. 用手调整出背手状。

15. 用肤色面捏出头的大体形状，用塑刀在头部二分之一处压出眼窝的位置，用塑刀挤出鼻梁。

16. 用塑刀确定鼻子的长短。

⑪ ⑫ ⑬
⑭ ⑮ ⑯

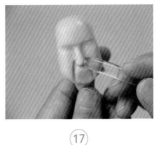 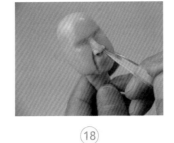 
⑰ ⑱ ⑲

⑳ ㉑ ㉒

17. 用塑刀压出法令纹和鼻翼。

18. 用塑刀挑出鼻孔。

19. 用开眼刀开出口缝，用塑刀塑出嘴唇。

20. 用塑刀挑出眼皮，用白色面做出眼白，用黑色面做出睫毛和眼珠。

21. 用塑刀压出面部肌肉。

22. 用黑色面做出眉毛，用黑色面做出少量的胡子。

23. 用黑色面做出帽子的大体形状，用塑刀压出形状。

24. 用黄色面做出帽边，用塑刀压出形状。

25. 用黑色面做出胡子，注意胡子的贴合角度。

26. 用黑色面做出帽翅（边缘涂上金色）。

㉓ ㉔

㉕ ㉖

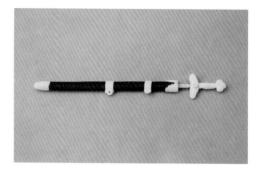

㉗

㉘

㉙

㉚

㉛

27. 将做好的头安在身体上。

28. 取一根竹签削成剑的大体形状，用黄色面做出剑柄，用塑刀塑出图案，用棕色面做出剑鞘，用黄色面搓成条状，粘在剑鞘上做出装饰。

29. 用印章在衣服上印上图案。

30. 用蓝色面搓成细长条，用蓝色长条将宝剑系在腰间。

31. 将做好的钟馗放到底座上。

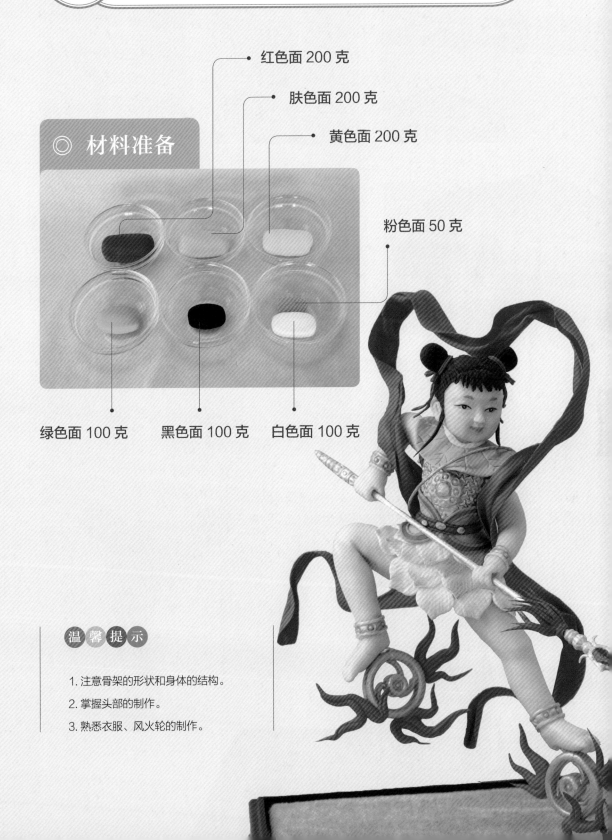

20 哪吒

◎ 材料准备

红色面 200 克

肤色面 200 克

黄色面 200 克

粉色面 50 克

绿色面 100 克　　黑色面 100 克　　白色面 100 克

温 馨 提 示

1. 注意骨架的形状和身体的结构。

2. 掌握头部的制作。

3. 熟悉衣服、风火轮的制作。

★ 制作步骤

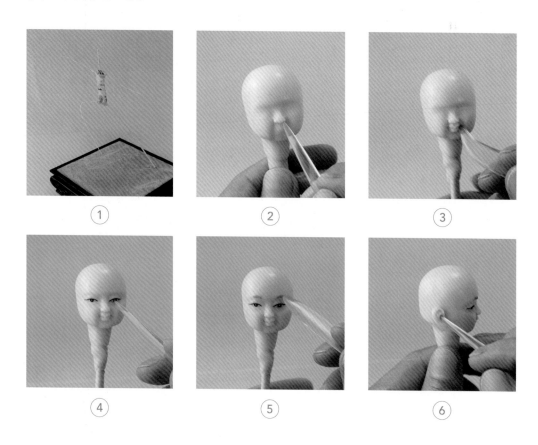

1. 用铁丝制作出骨架，在骨架上缠上报纸。

2. 用肤色面捏出头的大体形状，用塑刀压出眼窝，用塑刀挤出鼻梁，确定鼻子的长短，挑出鼻孔。

3. 用塑刀切出口缝，塑出口型，压出嘴角。

4. 用开眼刀开出眼角，用白色面做出眼白（擀成橄榄核状），用黑色面做出眼珠、睫毛，用白色面做出眼睛的光点。

5. 用黑色面做出眉毛。

6. 用肤色面做出耳朵的大体形状，用塑刀压出耳轮、耳蜗。

7. 用黑色面做出头发，用塑刀切出发丝，用黑色面做出刘海、发髻。

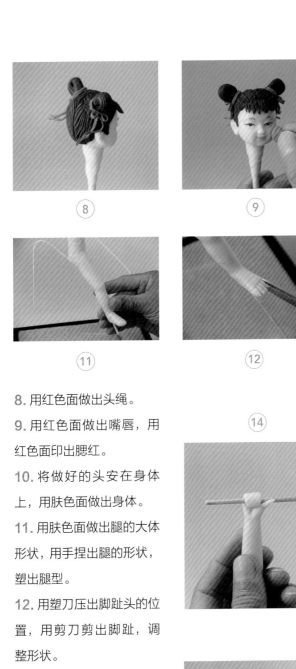

⑧ ⑨ ⑩

⑪ ⑫ ⑬

⑭ ⑮

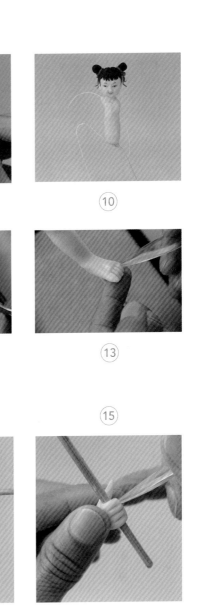

8. 用红色面做出头绳。

9. 用红色面做出嘴唇，用红色面印出腮红。

10. 将做好的头安在身体上，用肤色面做出身体。

11. 用肤色面做出腿的大体形状，用手捏出腿的形状，塑出腿型。

12. 用塑刀压出脚趾头的位置，用剪刀剪出脚趾，调整形状。

13. 用塑刀压出指甲和指纹。

14. 用肤色面做出手的大体形状，用剪刀剪出大拇指，将手调整成握紧状。

15. 用塑刀切出手指的形状，将做好的手安在胳膊上。

16. 用黄色面在手腕、脚踝处做出手镯和脚镯。

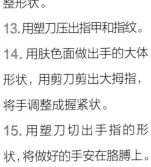

⑯

(17)

(18)

(19)

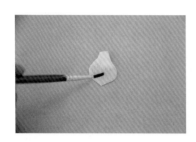
(20)

(21)

(22)

17. 用黄色面擀成厚片，用铠甲模具压出铠甲的形状。

18. 用塑刀切出上衣铠甲的形状，将做好的铠甲粘在身体上。

19. 用红色面做出铠甲边，用黄色圆球做装饰，用黄色面做出护心镜，用笔芯压出形状，用毛笔刷上金色颜料。

20. 用白色面擀成片状，用塑刀切出荷花花瓣的形状，用塑刀压出纹路，用毛笔将花瓣刷上淡粉色颜料。

21. 将做好的荷花花瓣粘在身体上，做出荷花裙。

22. 做出围腰，粘在腰部，用红色面做出腰带，用蓝色面做出腰带上的宝石配饰。

23. 用绿色面擀成片状，用塑刀切出荷叶的纹路，将中间挖出圆形状。

24. 安在哪吒脖子上，做出荷叶衣。

25. 用白色面做出内衣领。

(23)

(24)

(25)

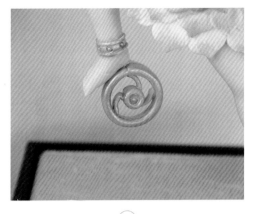

(26)

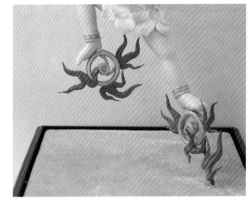

(27)

(28)

(29)

(30)

(31)

26. 用黄色面做出风火轮，用毛笔刷上金色颜料，将做好的风火轮安在脚部。

27. 用红色面搓成两端尖的长条，对折后将一端搓尖，用塑刀压出凹陷，调整出火焰的形状，将做好的火焰安在风火轮上。

28. 做出火尖枪，将火尖枪上部涂上红色颜料，将做好的火尖枪握在手上。

29. 做出乾坤圈，将乾坤圈套在肩膀处。

30. 用红色面擀成长条，用铁丝插在中间，使其容易定型，安在身体上，做出混天绫。

31. 将做好的哪吒放到底座上。

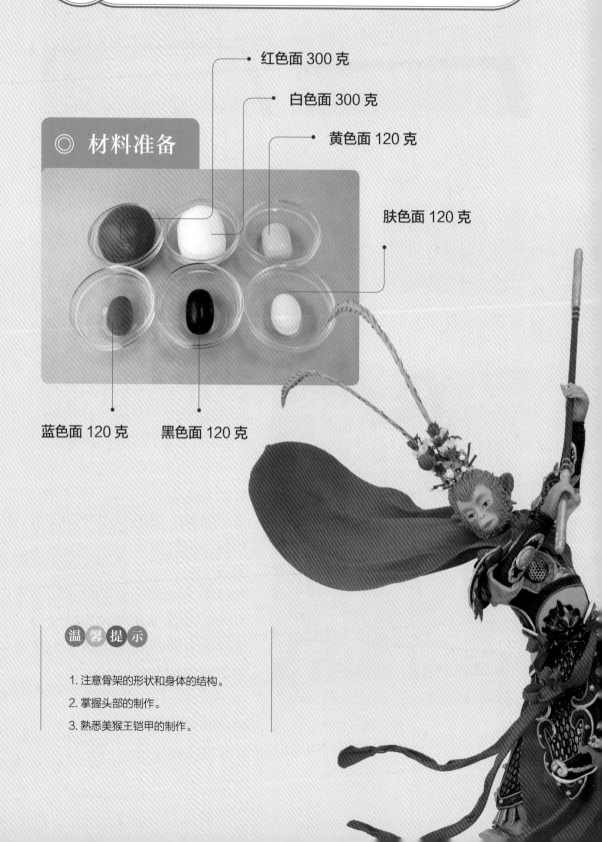

21 美猴王

红色面 300 克

白色面 300 克

黄色面 120 克

◎ 材料准备

肤色面 120 克

蓝色面 120 克　　黑色面 120 克

温馨提示

1. 注意骨架的形状和身体的结构。

2. 掌握头部的制作。

3. 熟悉美猴王铠甲的制作。

★ 制作步骤

①

②

③

④

1. 用铁丝做出骨架，骨架上包上报纸，在缠好报纸的骨架上裹一层面，用黑色面、蓝色面、白色面混合（不要太均匀），做出底座。

2. 用黑色面做出鞋子的大体形状，用白色面做出鞋底，用黄色面做出鞋边，用棕色面搓成长条，做出鞋面及装饰物。

3. 用黑色面擀成薄片，粘在小腿上，做成裤腿，做出裤腿的装饰物，用毛笔涂金色颜料。

4. 用黄色面擀成长方形片（与腿等长），粘在腿部。

5. 裤腿末端 1.5 厘米处做收紧状，用塑刀压出衣褶。

6. 用红色面搓成长条，系在裤腿末端，做成裤子（注意宽松一些）。

⑤

⑥

(7)

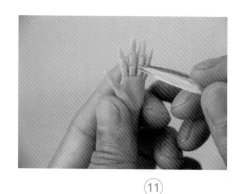

(11)

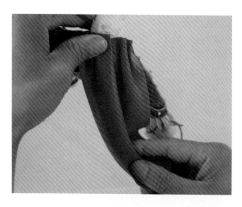

(8)

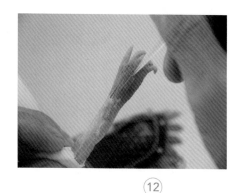

(12)

(9)

7. 用黑色面擀成厚片，用铠甲模具压出铠甲形状，用棕色面做出铠甲边，做出铠甲的装饰物，将做好的铠甲安在腿部侧面。

8. 用红色面擀成薄片，围在腰部，做成战裙，用手调整出衣褶。

9. 安照上述方法，做出前挡铠甲的大体形状，用黄色面揉成圆球，粘在前挡铠甲上，用毛笔涂上金色颜料。

(10)

10. 将做好的前挡铠甲安上。

11. 用肤色面捏出手的大体形状，用剪刀剪出五指，用塑刀压出指关节，调整手的手势和形状，将做好的手安在胳膊上。

12. 用橘黄色面粘在手上，用开眼刀刮出猴毛。

⑬

⑭

⑮

13. 用黑色面粘在手臂上，用棕色面擀成椭圆形，切出形状，粘在手臂上，用黄色面做出花边，用塑刀勾出花纹，用黄色面做出装饰，用塑刀压出条纹，用毛笔刷上金色颜料。

14. 用橘黄色面擀成椭圆形薄片，粘在胳膊上，做成衣袖。

15. 用塑刀压出衣褶。

16. 用黑色面擀成厚片，用铠甲模具压出铠甲形状，粘在前胸。

17. 用蓝色面、黑色面擀成圆形，粘在胸部，压出图案，做成护胸镜，用黄色面擀成圆形，粘在护胸镜下方，压出图案，做成护心镜。

⑯

⑰

(18)

(19)

(20)

(21)

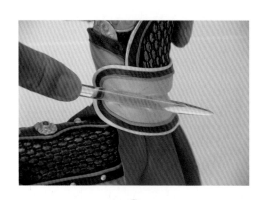

(22)

(23)

18. 用橘黄色面擀成半圆状，用蓝、棕色长条做衣边，做出围腰。

19. 将做好的铠甲贴在胳膊上，做成肩甲。

20. 用黑色面粘在肩部铠甲上，做出兽头的大体形状，用塑刀压出兽头的眼窝、鼻子，用塑刀勾出鼻孔，压出眼睛和眉骨，压出纹路。

21. 用黑色面擀成厚片，用铠甲模具压出后背铠甲形状，用蓝色、棕色、黄色搓成长条，依次粘在铠甲上，做出后背铠甲边，将做好的后背铠甲安上，用毛笔涂上金色颜料。

22. 用橘黄色面擀成椭圆形状，用蓝色、棕色、白色面搓成长条依次粘在椭圆形外侧，做成护腰安上，用塑刀压出腰带的位置。

23. 用黑色面粘在腹部，做出腹吞的大体形状，用红色面搓成长条，粘在腰部，做成腰带，用黑色面做出腹吞的牙齿。

㉔

㉕

㉖

㉗

㉘

24. 用红色面搓成长条状，做成腰带（做出飘逸的感觉）。

25. 用铁丝插在背部做支撑，用红色面搓成薄片，做成披风。

26. 用肤色面做出头的大体形状，用塑刀压出眼窝的位置，用塑刀挤出鼻梁，确定鼻子的形状和长短，压出眼包，挑出鼻孔。

27. 用塑刀切出口缝，塑出口型

28. 用开眼刀开出眼角，用白色面做出眼白（做成橄榄核形状），用黑色面做出眼珠、睫毛，用白色面做出眼睛光点。

29. 用橘黄色面做出眉毛。

30. 用橘黄色面做出头皮，用塑刀塑出毛发，用橘黄色面做出耳朵，用塑刀压出耳蜗。

31. 用红色面做出嘴唇。

㉙

㉚

㉛

32

33

34

35

36

32. 用蓝色面做出头冠，用塑刀勾出花纹，用黄色面做出头冠花边，用塑刀勾出花纹，在头冠上安上装饰。

33. 用橘黄色面搓成一端稍尖的长条，粘在铁丝上，用剪刀剪出羽毛的形状，用毛笔在部分区域刷上黑色，做出雉鸡翎的大体形状安在头部上，用黄色、红色面擀成薄片，用塑刀刮出形状，安在尾部，将做好的头部安在身体上。

34. 用红色面擀成两端稍尖的薄片，用塑刀压出褶皱，做出披风的系带。

35. 用竹签削成圆柱形，在两端裹上一层黄色面，用塑刀压出形状，用毛笔在两端刷上黄色，在中间刷上红色，将做好的金箍棒放在美猴王的手中。

36. 将做好的美猴王旁放上云彩。

22 嫦娥

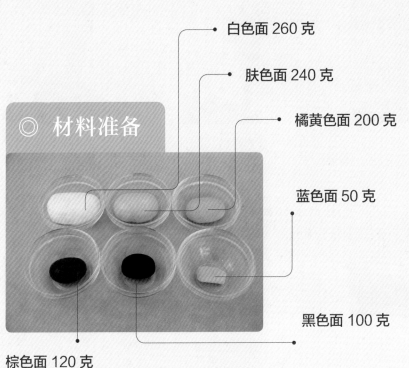

◎ 材料准备

白色面 260 克

肤色面 240 克

橘黄色面 200 克

蓝色面 50 克

黑色面 100 克

棕色面 120 克

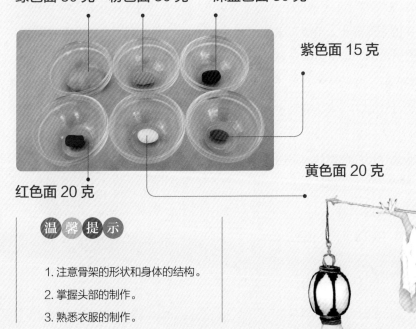

绿色面 50 克　　粉色面 30 克　　深蓝色面 30 克

紫色面 15 克

黄色面 20 克

红色面 20 克

温 馨 提 示

1. 注意骨架的形状和身体的结构。

2. 掌握头部的制作。

3. 熟悉衣服的制作。

★ 制作步骤

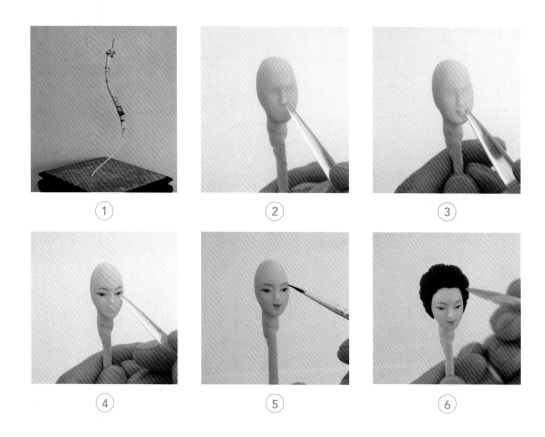

1. 用铁丝做出骨架，在骨架上包上报纸。

2. 用肤色面捏出头的大体形状，用塑刀压出眼窝，用塑刀挤出鼻梁，用塑刀确定鼻子的长短，挑出鼻孔。

3. 用塑刀切出口缝，压出人中，塑出口型，压出嘴角。

4. 用开眼刀开出眼角，用白色面做出眼白（擀成橄榄核状），用黑色面做出睫毛、眼珠、眉毛，用白色面做出眼睛的光点。

5. 用红色面做出嘴唇，用红色面印出腮红，用毛笔画出紫色眼影。

6. 用黑色面做出头发，用塑刀切出发丝。

7. 用黑色面做出发髻，用肤色面做出耳朵。

⑧

⑬

⑨

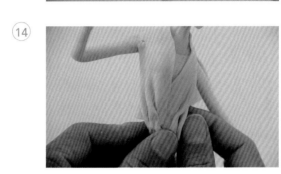

⑭

⑩

⑮

⑪

⑫

8. 用黑色面做出刘海。

9. 做出发饰、簪子，用毛笔涂上金色颜料，做出头饰。

10. 将做好的头安在身体上。

11. 用肤色面做出身体，用塑刀压出锁骨，塑出胸部。

12. 用肤色面捏出手的大体形状，用剪刀剪出五指，用塑刀压出手心、指纹，调整手的形状。

13. 将做好的手安在胳膊上，用粉色面擀成片状，做出围胸。

14. 用橘黄色面擀成薄片，粘在上身，做出上衣，用手调整出衣褶。

15. 用白色面擀成薄片，粘在身体上，用手调整出褶皱，做成土裙，用塑刀压出衣褶。

⑯

⑰

⑱

16. 用绿色面擀成片状，用棕色长条做衣边，粘在腰部，用手压出褶皱，调整出衣褶，做成腰裙，用塑刀压出衣褶。

17. 用白色面擀成长方形薄片，粘在腰部，做成裙腰。

18. 做出大带，用毛笔刷上金色颜料，粘在腰部。

19. 用蓝色面做出腰带，用白色面做出腰带上镶的宝石，用粉色面做出小带。

20. 用橘黄色面擀成片状，粘在肩部，做出衣袖，用手调整出褶皱。

21. 用塑刀压出衣褶。

22. 用白色面做出内衣领，用紫色面做出外衣领。

23. 用白色面擀成薄片，用手调整出褶皱，粘在袖口，做出水袖。

⑲

⑳

㉑

㉒

㉓

24

25

26

27

28

29

24. 用蓝色面和白色面不均匀混合，做出云彩。

25. 用白色面捏出玉兔的大体形状，做出玉兔的面部、耳朵以及四肢，将做好的玉兔放在左侧。

26. 用黑色面做出嫦娥长发。

27. 用红色面做出指甲。

28. 做出一盏灯，放在嫦娥右手上。

29. 做出飘带。

30. 将做好的嫦娥放到底座上。

30

23 托塔天王

红色面 350 克
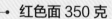

肤色面 200 克

棕色面 20 克   紫色面 15 克

◎ 材料准备

蓝色面 100 克   绿色面 80 克

黑色面 200 克

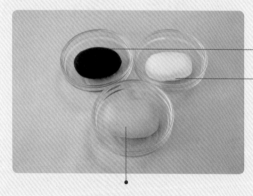

白色面 200 克

黄色面 200 克

温 馨 提 示

1. 注意骨架的形状和身体的结构。

2. 掌握头部的制作。

3. 熟悉托塔天王铠甲的制作。

★ 制作步骤

①

②

③

④

1. 用铁丝缠出骨架，骨架上包上报纸，在缠好报纸的骨架上裹一层面。

2. 用棕色面做出裤子。

3. 用蓝色面做出裤脚，用橘黄色面做出裤脚边，用黑色面做出鞋子的大体形状，用橘黄色面做出鞋底，用蓝色面做出鞋面，用黑色面做出靴筒，用黄色面搓成长条，做成靴筒边。

4. 用黄色面做出靴筒的装饰，用塑刀勾出纹路，用橘黄色面揉成椭圆状，粘在靴筒侧面，用塑刀压出纹路。

5. 用橘黄色面擀成椭圆状，用铠甲模具压出腿部铠甲的形状，用黄色面、棕色面搓成长条，依次粘在腿部铠甲外侧，做出铠甲边，用剪刀将棕色铠甲边修形，将做好的腿部铠甲粘在腿部两侧。

6. 做出腿部铠甲的装饰物。

⑤

⑥

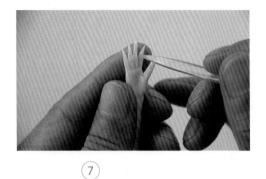

⑦

⑧

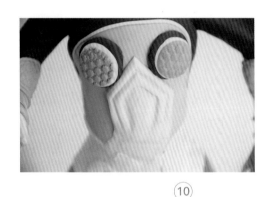

⑨

⑩

⑪

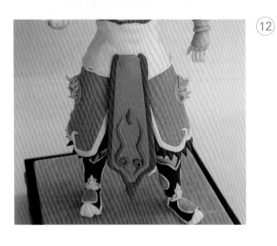

⑫

7. 用肤色面捏出手的大体形状，用剪刀剪出五指，用塑刀压出手心和指纹。

8. 将做好的手安在胳膊上，用棕色面做出肩部衣服，用蓝色面做出护臂。

9. 用橘黄色面做出护臂的装饰物。

10. 用蓝色面擀成圆形厚片，用黄色、棕色面搓成长条，依次粘在半圆厚片上，做出衣服，将做好的衣服粘在上身，并做出护胸镜的大体形状，用黄色面做出胸甲。

11. 用淡粉色面做出护腰，用红色面搓成长条，系在护腰上方。

12. 做出前挡衣服的大体形状，并安在身体正前方。

(13)

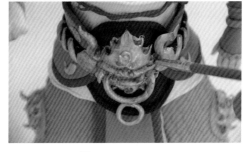

(14)

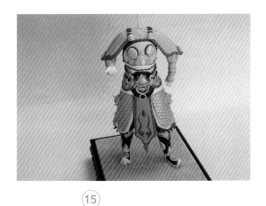

(15)

13. 用棕色面擀成圆形片，做出腹吞底面，用紫色面擀成长片，用红色面搓成长条，压扁，围在其边缘做出围腰，并安在腰部，用黑色面搓成长条，压扁，做出腰带，粘在围腰中间。

14. 用黄色面做出腹吞的大体形状，用黄色面做出腰带的装饰，用毛笔涂上金色染料。

15. 用橘黄色面擀成厚片，用铠甲模具压出铠甲的形状，用红色面做其边，用黄色面做其装饰，将做好的肩部铠甲安在肩部，做出护胸镜的系带。

16. 用红色面擀成梯形厚片，用黄色面揉成圆球做装饰，做出斗篷安上。

17. 做出肩部装饰安上。

18. 用黄色面做出肩吞的大体形状，用塑刀压出眼窝、挤出鼻子，挑出鼻孔，用塑刀压出眼睛的形状，压出眉骨，勾出纹路。

(16)

(17)

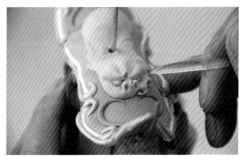

(18)

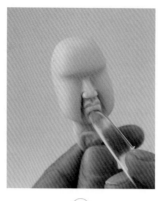

⑲ ⑳ ㉑

㉒

㉓

19. 用肤色面做出头的大体形状，用塑刀压出眼窝的位置，挤出鼻梁，确定鼻子的长短，压出法令纹、鼻翼，挑出鼻孔。

20. 用开眼刀开出口缝，用塑刀塑出嘴唇。

21. 用塑刀挑出眼皮，用白色面做出眼白，用黑色面做出眼珠、睫毛，用塑刀压出下眼皮，用白色面做出眼睛光点。

22. 用塑刀压出眉骨，用黑色面做出眉毛、胡子，用红色面做出嘴唇。

23. 用塑刀压出面部肌肉。

24. 用蓝色面做出帽子的大体形状，用黄色面做出帽子的装饰，用黄色面做出帽子侧面的装饰。

25. 用黄色面做出帽檐的大体形状及装饰，用塑刀压出形状，用毛笔刷上金色染料。

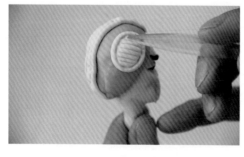

㉔

㉕

(26)

(27)

26. 将做好的头部安在身体上，做出帽子
肩部部分安上。

27. 安上战缨。

28. 用黑色面做出胡子。

29. 用竹签刻成宝剑的大体形状，包上报纸，
裹上一层棕色面，用黄色面做出剑身的装饰，
用黄色面做出剑柄，将做好的宝剑安在托塔
天王左侧面，做出宝剑的剑穗，做出玲珑塔
的形状，将塔安在托塔天王的右手上。

30. 将做好的托塔天王放到底座上。

(28)

(29)

(30)

24 吕洞宾

蓝色面 300 克

肤色面 200 克

白色面 200 克

◎ 材料准备

黄色面 100 克　　黑色面 80 克　　红色面 50 克

温 馨 提 示

1. 注意骨架的形状和身体的结构。
2. 熟悉衣服的制作。
3. 掌握头部的制作。

★ 制作步骤

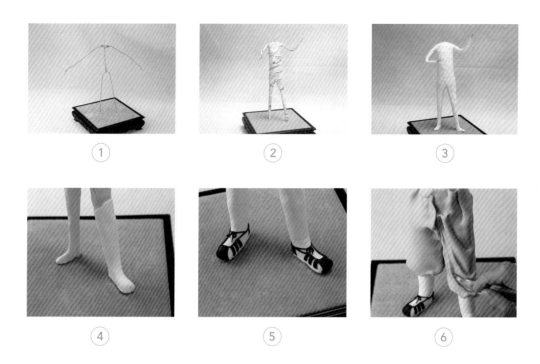

1. 用铁丝制作出骨架。

2. 在骨架上缠上报纸。

3. 在缠好报纸的骨架上裹一层面。

4. 用白色面擀成片状，做出袜子的形状，用手将袜子进行调整，使其服帖。

5. 用同样的方法做出另一个袜子，用黑色面作出鞋子。

6. 用土黄色面擀成薄皮，粘在腿部，做出裤子的大体形状，用塑刀压出衣褶。

7. 用肤色面捏出手的大体形状。

8. 用剪刀剪出大拇指，用剪刀再剪出四指，用塑刀压出手心。

9. 用塑刀压出指纹，压出指关节，调整手的形状。

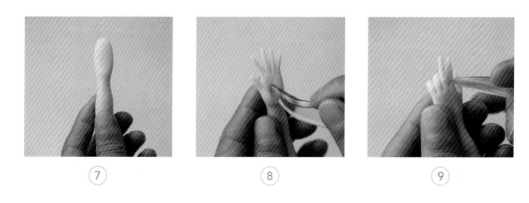

⑩

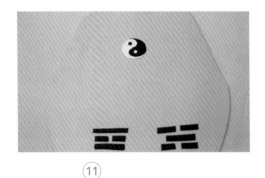

⑪

10. 将做好的手安在胳膊上。

11. 用蓝色面擀成大片，用黑色面做出八卦图粘在蓝色大片下部在蓝色大片上部做出太极图。

12. 粘在身体上，用手调整出褶皱。

13. 用塑刀压出腰部的位置，用塑刀压出衣褶，用棕色面做出腰带。

14. 用蓝色面擀出薄片，粘在胳膊上，调整出褶皱。

15. 用塑刀压出衣褶。

16. 用棕色面做出腰带（腰带的多余部分）。

17. 用肤色面捏出头的大体形状。

⑫

⑬

⑭

⑮

⑯

⑰

18. 用塑刀压出眼窝，用塑刀挤出鼻梁。

19. 用塑刀压出眼包，用塑刀确定鼻子的长短。

20. 用塑刀挑出鼻孔，用塑刀切出口缝，用塑刀压出人中。

21. 用塑刀塑出口型，用塑刀压出嘴角。

22. 用开眼刀开出眼角，用白色面做出眼白（擀成橄榄核状）。

23. 用黑色面做出眼珠，用黑色面做出睫毛，用白色面做出眼睛的光点。

24. 用黑色面做出眉毛，用红色面做出嘴唇，用黑色面做出胡子。

⑱

⑲

⑳

㉑

㉒

㉓

㉔

㉕

㉖

㉗

㉘

㉙

㉚

㉛

25. 用肤色面做出耳朵的大体形状,用塑刀压出耳轮、耳蜗。

26. 用黑色面做出头发,粘在头皮上,做出头发的大体形状。

27. 用塑刀切出发丝,用黑色面做出发髻。

28. 用黄色面做出簪子,用红色面印出腮红。

29. 将做好的头安在身体上,用白色面做出内衣领。

30. 用黑色面做出衣领,用毛笔将衣领画上图案。

31. 用黑色面做出胡子,用白色面做出内衣袖。

32. 做出剑柄、剑鞘,将做好的宝剑插在剑鞘里。

33. 将做好的剑刷上金色和银色。

㉜

㉝

(34)

(35)

34. 将做好的宝剑安在身后，做出剑穗。

35. 用土黄色面做出草帽的大体形状，用梳子压出草帽的纹路。

36. 将做好的草帽安在身后。

37. 用紫色面做出草帽的帽带。

38. 将做好的吕洞宾放到底座上即可。

(36)

(37)

(38)

25 天女散花

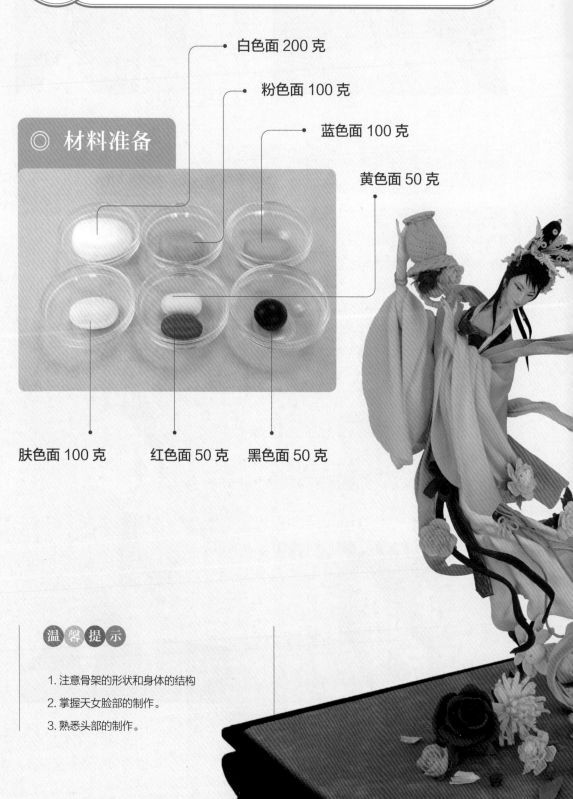

白色面 200 克

粉色面 100 克

蓝色面 100 克

黄色面 50 克

◎ 材料准备

肤色面 100 克　　红色面 50 克　黑色面 50 克

温 馨 提 示

1. 注意骨架的形状和身体的结构

2. 掌握天女脸部的制作。

3. 熟悉头部的制作。

★ 制作步骤

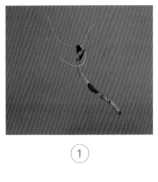

①

②

③

④

⑤

⑥

⑦

⑧

1. 用铁丝做出骨架，在骨架上缠上报纸。

2. 用肤色面做出头的大体形状（上宽下窄的瓜子脸），用塑刀压出眼窝的位置，用塑刀挤出鼻梁，压出眼包，确定鼻子的形状和长短，挑出鼻孔。

3. 用塑刀切出口缝，塑出口型，压出嘴角。

4. 用开眼刀开出眼角，用白色面做出眼白（做成橄榄核形状），用黑色面做出眼珠、睫毛、眉毛，用白色面做出眼睛光点。

5. 用红色面做出嘴唇，用桃红色面将脸蛋润色，使脸蛋显得白里透红。

6. 用黑色面做出头发，用塑刀切出发丝，用黑色面搓成细丝，做出刘海。

7. 用肤色面做出耳朵的大体形状，压出耳轮耳蜗，用黑色面搓成细条，做出发簪。

8. 做出头饰。

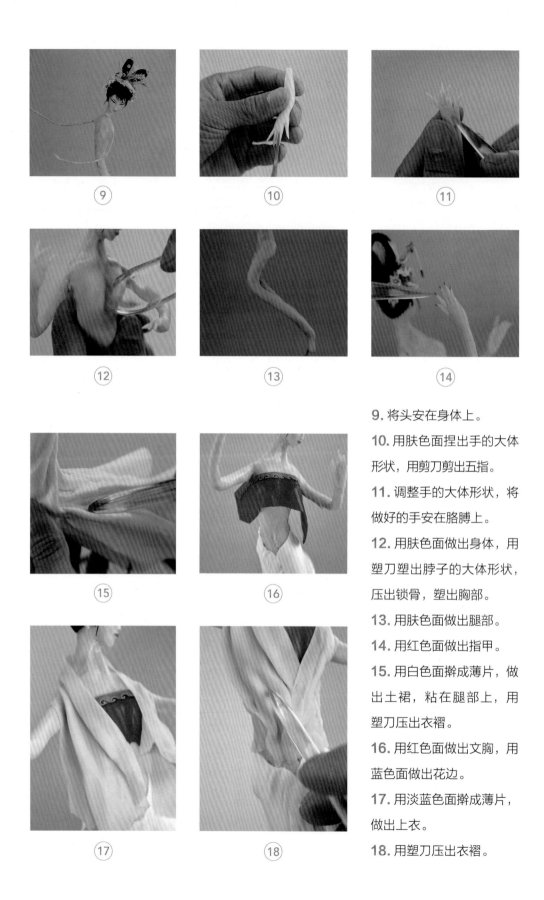

9. 将头安在身体上。

10. 用肤色面捏出手的大体形状，用剪刀剪出五指。

11. 调整手的大体形状，将做好的手安在胳膊上。

12. 用肤色面做出身体，用塑刀塑出脖子的大体形状，压出锁骨，塑出胸部。

13. 用肤色面做出腿部。

14. 用红色面做出指甲。

15. 用白色面擀成薄片，做出土裙，粘在腿部上，用塑刀压出衣褶。

16. 用红色面做出文胸，用蓝色面做出花边。

17. 用淡蓝色面擀成薄片，做出上衣。

18. 用塑刀压出衣褶。

(19)

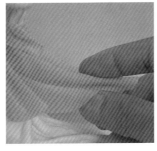

(20)

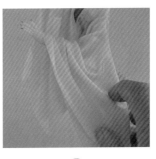

(21)

(22)

19. 用粉色面擀成薄片，做出腰裙。

20. 用手调整出褶皱。

21. 用淡蓝色面擀成薄片，做出衣袖，用手调整出衣褶。

22. 用白色面做出内衣领子，用黑色面做出外衣衣领，画上花纹。

23. 做出耳坠，粘在耳朵上。

24. 用蓝色面做出大带，用毛笔点缀图案。

25. 用淡绿色面做出小带，用塑刀压出形状。

26. 用红色面搓成长条，压出纹路，做出腰带，粘在腰部，用塑刀压出腰带的形状。

(23)

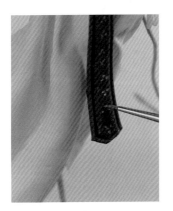

(24)

(25)

(26)

㉗

㉘

㉙

㉚

27. 用绿色面搓成长条，做成手镯。

28. 用黑色面搓成细条，用塑刀切出发丝，做出长发，用塑刀粘在头部。

29. 将紫色面和粉红色面结合，揉至自然的过渡色，搓成长条，压成薄片，粘在铁丝上， 塑出褶皱，做出飘带，粘在身体上，做出飘逸的感觉。

30. 做出花篮，再将花篮放在天女的手上，把已做好的花朵及花瓣撒在下面，做出天女散花的状态。

31. 将做好的"天女散花"放到底座上。

㉛

26 麻姑献寿

白色面 200 克

粉色面 100 克

蓝色面 100 克

黄色面 50 克

◎ 材料准备

肤色面 100 克　　红色面 50 克　　黑色面 50 克

温馨提示

1. 注意骨架的形状和身体的结构。

2. 掌握天女脸部的制作。

3. 熟悉头部的制作。

★ 制作步骤

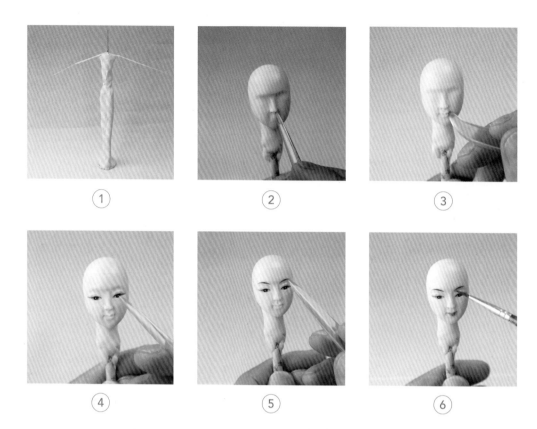

① ② ③
④ ⑤ ⑥

⑦

1. 用铁丝制作出骨架，在骨架上缠上报纸，在缠好报纸的骨架上裹一层面。

2. 用肤色面捏出头的大体形状，用塑刀压出眼窝，用塑刀挤出鼻梁，确定鼻子的长短，挑出鼻孔。

3. 用塑刀切出口缝，塑出口型，压出嘴角。

4. 用塑刀压出眼包，用开眼刀开出眼角，压出双眼皮，用白色面做出眼白（搓成橄榄核状），用黑色面做出睫毛、眼珠，用白色面做出眼睛的光点。

5. 用黑色面做出眉毛。

6. 用红色面做出嘴唇，用红色面印出腮红，用毛笔画出紫色眼影。

7. 用黑色面做出头发，用塑刀切出发丝和鬓角，用黑色面做出发髻。用肤色面做出耳朵。做成牡丹花头饰，将做好的发饰粘在头发上。

⑧

⑨

⑩

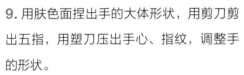
⑪

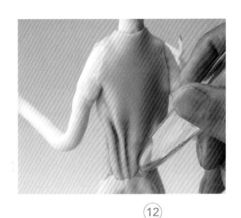
⑫

8. 做出头饰，用蓝色面做出凤冠，做出珠宝头饰，做出侧面的头发装饰，用黄色面做出凤钗，用毛笔刷上金色。

9. 用肤色面捏出手的大体形状，用剪刀剪出五指，用塑刀压出手心、指纹，调整手的形状。

10. 用红色面做出指甲，将做好的手安在胳膊上。

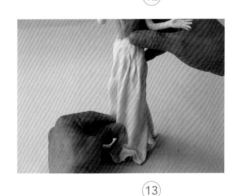
⑬

11. 用开眼刀开出眼角，用肤色面做出身体，用塑刀压出锁骨，塑出胸部。

12. 用淡紫色面擀成薄片，用剪刀剪出形状，粘在上身，做出上衣，用塑刀压出衣褶。

13. 用白色面擀成薄片，粘在身体上，用手调整出褶皱，做成土裙。

⑭

14. 用塑刀压出衣褶。

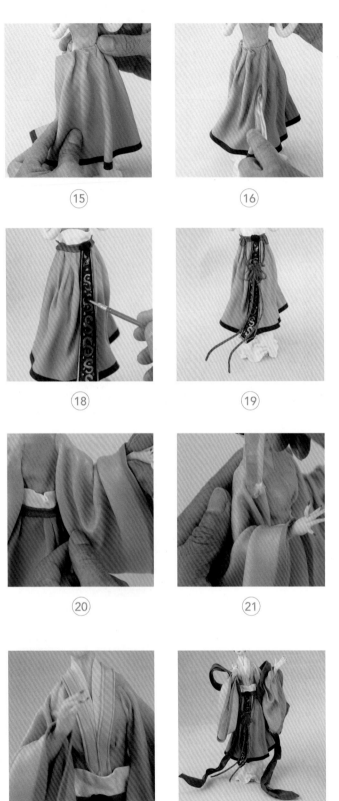

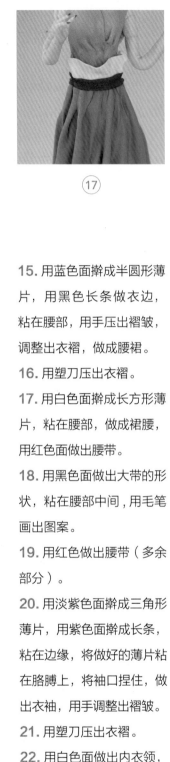

15. 用蓝色面擀成半圆形薄片，用黑色长条做衣边，粘在腰部，用手压出褶皱，调整出衣褶，做成腰裙。

16. 用塑刀压出衣褶。

17. 用白色面擀成长方形薄片，粘在腰部，做成裙腰，用红色面做出腰带。

18. 用黑色面做出大带的形状，粘在腰部中间，用毛笔画出图案。

19. 用红色做出腰带（多余部分）。

20. 用淡紫色面擀成三角形薄片，用紫色面擀成长条，粘在边缘，将做好的薄片粘在胳膊上，将袖口捏住，做出衣袖，用手调整出褶皱。

21. 用塑刀压出衣褶。

22. 用白色面做出内衣领，用蓝色面做出衣领。

23. 用墨绿色面做出飘带。

㉔ ㉕ ㉖

㉗ ㉘

24. 做出凤钗的悬挂物，用黑色面做成长发。

25. 用肤色面做出耳朵，用毛笔在衣领上画上图案。

26. 用粉色面做出头巾。

27. 用白色面做出水袖。

28. 做出仙桃、葡萄、酒壶和托盘，并将做好的仙桃、葡萄、酒壶放在托盘上。做出灵芝，将做好的灵芝放在麻姑的右手上，将托盘放在左手上。

29. 将做好的麻姑献寿放到底座上。

㉙

"面人汤"的艺品与人品

有人说，大凡有成就的艺术家，总有与众不同的性情，也就是人们常说的个性。汤子博也不例外。"面人汤"的一生带有传奇色彩。他自幼练武术，年轻时参加过义和团，以后参加过"五四运动"。

汤子博学会了捏面人，带着二哥和五弟来北京靠捏面人谋生，汤氏三兄弟很快在京城出了名，当时京城的文人雅士如刘半农、梅兰芳等家里都摆着"面人汤"的作品。天津三益公司的经理李道衡喜欢面塑，把子博请到天津，做了一批面人到天津办的手工艺品展览会上展览，以后又拿到巴拿马艺术品展会上，"面人汤"的面人均获金奖。此事被当时的大总统黎元洪得知，他把子博邀到总统府，为他做面人。黎元洪信佛，让"面人汤"给他捏"群仙祝寿"，祝寿的神仙要乘船，黎元洪让子博仿北海的船做。子博说北海的船太俗，神仙乘的船应该有荷花瓣。事后朋友对子博说，你可真够愣的，怎么连大总统都敢顶？子博说甭管是谁，也得尊重艺术。

子博本打算终生不娶，等面人捏不动了，把攒的钱往庙里一捐，出家当和尚。40岁那年遇上了后来成为妻子的李懿清。李家是老北京人，懿清的父亲是厨师，您别看他是平民百姓，却有一腔爱国热血。懿清也会捏面人，两口子白头偕老。

抗战时期，面人汤的生活陷入绝境，当时有个日本人看了子博做的面人，提出把子博和全家送到日本。子博说，我宁可饿死也不能给侵略咱们国家的人去捏面人呀！

图书在版编目（CIP）数据

面塑制作教程 / 新东方烹饪教育组编. —2版. —北京：中国人民大学出版社，2020.1
ISBN 978-7-300-27889-6

Ⅰ.①面… Ⅱ.①新… Ⅲ.① 面塑－装饰雕塑－技术培训－教材 Ⅳ.① TS972.114

中国版本图书馆CIP数据核字(2020)第024295号

"十四五"职业教育国家规划教材

面塑制作教程（第二版）

新东方烹饪教育　组编

Miansu Zhizuo Jiaocheng

出版发行	中国人民大学出版社			
社　　址	北京中关村大街31号		**邮政编码**	100080
电　　话	010-62511242（总编室）		010-62511770（质管部）	
	010-82501766（邮购部）		010-62514148（门市部）	
	010-62515195（发行公司）		010-62515275（盗版举报）	
网　　址	http://www.crup.com.cn			
经　　销	新华书店			
印　　刷	北京瑞禾彩色印刷有限公司		**版　　次**	2018年10月第1版
				2020年1月第2版
开　　本	787 mm × 1092 mm　1/16		**印　　次**	2025年1月第7次印刷
印　　张	15			
字　　数	290 000		**定　　价**	55.00元